커피를 위한
물
이야기

어희지 지음

시작하는 말

커피와 물; 이젠, 물이다

이젠 과학으로 설명해 보자

3년만이다. 석사학위 논문을 마치고 다시 커피와 물에 관한 글을 쓰는 것이. 처음에 물과 커피에 관한 상관 관계를 연구한다는 일념이 결국은 여기까지 오게 되었다.

그 당시에는 많은 이들이 반신반의했다. 우리나라는 유럽, 미국과는 달리 연수이고, 지형적 영향으로 인해 물에 대한 역할이 적을 것이라고 했다. 또한 우리나라에서 진행된 선행 연구 역시 아주 미미한 상태였다. 증명할 길도 막막했고, 누구에게 물어봐야 할지 역시 미지수였다. 하지만 많은 분들의 도움으로 무사히 연구를 마쳤으며, 이제는 당당하게 커피의 맛과 물에 관한 상관성을 말할 수 있게 되었다.

3년, 그리 짧지도 길지도 않는 시간이 흘러, 조금씩 미미하지만, 변화를 느낄 수 있었다. 각 카페와 업체마다 각기 다른 물로 커피 맛을 테스트하는 간단한 실험에서부터 대형 홀에서는 물과 커피에 관한 연구 세미나가 주기적으로 진행되는 등 이전에는 보기 힘든 장면들이 나타나고, 전문 전시회에서도 물을 다루는 업체들을 빈번하게 만날 수 있다.

'Water for Coffee'라는 커피와 물에 관한 책이 출간되었고, SCAE에서는 물에 관한 총괄적인 보고서로 'SCAE Water Report'를 펴내기도 했다. 여기에서는 풍부한 자료 조사와 직접 진행한 물과 커피의 연구를 바탕으로 이화학적 결과를 제시하는 동시에 어떤 인자가 얼마나 영향을 끼치는지에 관해 고찰한 결과를 보여주었다. 이들은 외국 자료이지만, 국내에서도 주목을 받은 바 있다. 또 물에 대한 지속적인 관심과 흥미를 유발시키는 촉진제의 역할을 톡톡히 하기도 했다. 그 결과 이제는 물의 중요성에 대해 공감하게 되었고, 한번쯤은 다시 되돌아보게 되었다.

실제로 물에 관한 정보를 찾는 도중에 흥미로운 점을 발견하였다. 2004년도 커피 전문지에서 커피 맛을 좌우하는 키포인트로 '물'을 지목했고, 2008년에는 성장된 생수 시장에 대해서 다루었다. 그리고 2014년에는 물의 미네랄과 커피 맛의 상관 관계에 관한 연구가 소개되었다. 인상적인 점은 초반에는 단순히 물과 정수, 연수 등에 관한 전반적인 정보 전달성 기사였으나, 점차적으로 물과 커피에 관한 연구 결과에서부터 과학적인 자료를 제시하는 단계로 나아가고 있다는 사실이다. 단순화된 정보를 필두로 시작된 키워드가 이제는 복합적이고 직접적인 결과물로 맞춰지고 있다. 물이라는 커다란 나무에서 세분화되어 줄기나 잎에 속해 있는 미네랄, 나아가 특정 이온에 대해 포커스를 맞추며 확산되고 있는 것이다.

물과 관련해서는 필자 역시 매장을 운영하면서 느낀 점들이 많았다. 기존의 배경 지식과 함께 다른 도서를 통해 접한 내용들을 재정비할 필요가 있었고, 무분별하게 떠다니는 파편적인 지식들을 망라하고픈 마음도 있었다. 하지만, 이제는 과학적으로, 깊이를 넣어서 스스로 되돌아보고자 하는 마음이 가장 크다. 그 당시에 내가 보지 못했던 것들, 다시 보이는 것들을 만들고 싶다.

비록 아직 미숙한 구석이 많지만, 이 책이 물과 커피를 통합적으로 정리하는 계기가 되길 바란다. 또한 직접 공부하지 않는 사람에게도 작은 도움이 되었으면 한다. 은은하게 퍼져나가는 파동처럼 본질을 잊지 않고 물을 다루는 사람들에게 끝까지 정진할 수 있는 시금석이자 버팀목이 되면 더욱 좋겠다.

여기까지 올 수 있도록 무조건적인 지원과 응원을 해 주신 최낙언 선생님, 커피에 대한 방향성을 가르쳐 주신 이재근 대표님, 전광수 선생님, 멀리서나마 항상 응원하는 서필훈 선생님께 감사의 말씀을 드린다.

프롤로그

　많은 커피인들은 water quality를 본래적으로 머신이나 기기 문제에서 야기되는 결과물로만 여겨왔다. 하지만 커피를 추출하기 위해서 물은 커피 다음으로 매우 중요하고 필수적인 요소이다. 추출된 커피의 약 98%를 차지하고 있다는 정량적인 관점에서 본다면 어쩌면 물은 가장 중요한 요소라 할 수도 있다. 미국 및 이탈리아에서는 1970년대부터 물에 관하여 본격적으로 연구하였다. 이를테면 물의 함유되어 있는 미네랄 함량 및 이에 관한 역치, 시판되는 물을 사용한 추출된 커피의 관능적인 특성, 물을 달리하여 추출한 에스프레소 크레마의 비교 등 수 십 편의 논문들이 학회에 발표되기도 했다.

　물론 국내에서도 침출수 종류에 따른 녹차의 성분 용출도, 수질이 녹차 추출액의 영양학적 성분과 항산화력에 미치는 영향 등에 대한 연구는 있었다. 그러나 커피 맛과 물에 관한 직접적인 연구는 극히 미미한 실정이었다. 하지만 가장 최근에는 물의 미네랄과 커피 맛에 관한 연구부터 미네랄, 특히 양이온이 음료의 맛에 끼치는 영향력, 그리고 미네랄과 커피 추출 시간의 상관성에 이르기까지 폭넓고 과학적이며 깊이 있는 연구 결과가 발표되고 있다. 이는 물의 미네랄이 단순히 건강을 도모하고 머신을 보호하는 게 유용한 인자라는 기존의 고정관념을 벗어나게 해주었다. 연구를 진행할 당시만 해도 미네랄에 대한 심도 있는 분석 자료를 찾기 힘들었는데, 지금은 우리에게 많은 것, 오히려 그 이상의 깊이를 제공하고 있다. 그래서 단순히 좋은 커피 맛에 주목하는 사람에게도 대안을 제시하고 방향을 넓혀주고 있다. 물과 커피라는 배경 지식의 확장이자 과학적이고 분석적인 모델의 제시가 이뤄지고 있는 것이다. 이는 곧 커피 재료에 국한되었던 물이 독립적인 영역으로 자리하게 됨을 의미한다. 좋은 물에 대한 관심과 욕구의 증가는 곧 정수필터 시장의 확장으로 이어진다. 최근에는 고도의 전문화된 시스템과 진보된 기술력으로 우리의 선택권을 폭넓게 해주고 있다.

하지만 갑작스런 정보의 범람은 가끔 우리를 혼란에 빠트리기도 한다. 선택권에 대한 결정력이 약해지는 난감한 상황에 처하게 될 수도 있다. 따라서 이 책에서는 커피와 물에 관한 관능적인 특성에 관한 연구 경험을 바탕으로, 물에 관하여 기본적으로 알아두면 도움이 될만한 이화학적인 특성 및 배경 지식에 대해 이야기하고자 한다. 특히 음료 및 요리 영역에서도 중요한 요소로 인지되는 이유, 그리고 다양한 물의 종류부터 선택할 때 가장 중시되는 요인에 이르기까지 객관적으로 알아보고, 최대한 대중적인 눈높이에 맞추어 제시하게 될 것이다.

그 첫 단계로 먼저 커피의 영역에서 물이 미치는 영향력에 대해 다뤄보고자 한다. 현재 커피 및 물산업 시장에 있어서 물은 다양한 요인 중의 하나가 아니라 대단히 중요하고 큰 독립 변수로 존재한다. 커피 맛의 변화를 야기시키는 핵심 요소라는 것이다. 이런 전제 하에 직접 진행한 물과 커피에 관한 연구 결과부터 미네랄 중의 양이온이 추출 과정에 미치는 역할, 미네랄 이온이 가지는 양면성에 등에 대해 차례로 알아보자. 중반부에서는 물에 대하여 깊이 있게 살펴보고자 한다. 물의 이화학적인 특성을 바탕으로 맛의 변화를 일으키는 요소에 대해 살펴 보고, 물과 물에 용존된 미네랄의 관계에 대해서도 알아보자.

물에 관한 기초 지식이 선행된다면, 향후 물과 커피에 관한 연구 및 선행 자료를 이해 하는 데 많은 도움이 될 것이다. 먹는 물의 수질 기준 및 측정 방법, 해외 및 우리나라의 수질 분포도 등은 참고 자료로 제시했다. 또 일반인 뿐만 아니라 카페 운영자 등 커피 관련 직업인으로써 한 번쯤 궁금했던 사항을 뽑아 Q&A로 제시함으로써 현실적이고 구체적인 도움이 되도록 했다.

하지만 좋은 힌트와 계기는 될지언정 여기에서 본질적인 해답을 찾을 수는 없을 것이다. 최고의 커피를 갈망하는 욕구에서부터 커피 맛을 가장 잘 발현시켜주는 물에 대한 탐구까지, 나아가 유명한 농장에서 재배된 비싼 커피에서부터 진화된 기술로 무장한 고성능 정수필터에 이르기까지, 영역이 광범위한 만큼 접근법 또한 다양하기 때문이다. 핵심은 역시 커피에 가장 적합한 물을 찾아보자는 데 있다.

정답을 얻고 싶어하는 사람에게 도움이 되고자 마지막 부분에 가장 최근의 동향을 추가하여 실용성을 더했다. 결국은 본인이 추구하는 커피나 매장의 시그니처가 되는 커피에 어울리는 물을 선택하는 것이 중요하다. 정답은 없다. 하지만 큰 그림을 보고 윤곽을 파악하면 남들보다 정확하고 바르게 갈 수 있다.

이 책이 발판이 되어 최고의 커피 맛이 구현되길 바란다. 커피 및 물을 선택하는데 있어 보탬이 되면 좋겠다.

저자 어희지

목차

Part.01

커피에서 물이란?
"물이 다르면 커피 맛도 달라진다"

커피 산업에서 물의 중요성은 점점 커지고 있다 ······ 19

추출의 필수 요인들에 관해 알아보자 ······ 23
- **6가지의 필수 요인** · 25
  1. 정확한 커피와 물의 비율 · 25
  2. 추출 시간에 어울리는 커피 입자 조절 · 27
  3. 추출 기구의 적정한 사용법 · 28
  4. 최적의 추출 방법 · 29
  5. 수질(Good quality water) · 33
  6. 적절한 필터 재질 · 34

추출하기 위한 물의 기준 ······ 37
- SCAA 에서 진행한 커피 테이스팅 결과 · 39

수질을 달리하였을 때 커피의 맛은 변할까? ······ 41
- 물을 달리하였을 때 커피 맛의 변화(Case Study) · 42
  1. 실험 방법 · 43
  2. 실험 결과: 물을 달리한 커피 맛의 변화 · 45
- Casual Talk! · 50
- 시판되는 물의 미네랄 함량을 알아보자 · 52

커피 추출 과정에서의 양이온의 역할 ······ 55
- Casual Talk! · 60

추출에 영향을 미치는 이온 ······ 63
- 인간이 물을 제조하다: 이온 결합수 · 67

Part.02 물이란? 물부터 알아야 한다

물은 모든 생물체에 필수 불가결한 요소이다 — 72

물은 과연 어떤 물질인가? — 74
- Casual Talk! · 75
- 이것만은 알아 두자! · 78

물은 끈적끈적하다: 물은 자신에게 강하게 달라붙는다 — 80

물은 변화무쌍하다 — 83

물과 열: 얼음에서 수증기로 — 87
- 얼음은 세포를 손상시킨다 · 87
- 액상의 물은 느리게 가열된다 · 88
- 액상의 물은 증발할 때, 다량의 열을 흡수한다 · 89
- 수증기는 응결될 때 많은 에너지를 내놓는다 · 90

물은 존재하는 물질 중에서 가장 우수한 용매이다 — 91
- 용해도 · 91

물과 산도: pH 수치 — 95

물의 역할은 매우 다양하고 필수적인 측면을 지니고 있다 — 98
- 식품 속의 존재하는 물의 형태 (자유수 Vs 결합수) · 98
- 이것만은 알아 두자! · 100

물의 물성 — 102
- 용매로써의 물의 역할 및 중요성 · 102
- 물의 응집력 · 103
- 물의 결합력 · 105
- 물의 밀도 및 부피 · 105
- 물의 분자 운동 · 107

Part.03 물은 그 자체로 충분히 빛나고, 다른 이도 돋보이게 한다

물에도 맛이 있다 ——————————————— 112

좋은 물은 어떤 물을 말하는 것인가? ——————— 114

미네랄이 없는 물은 마치 앙꼬 없는 찐빵과 같다 ——— 116
- 주요미네랄 이온: 칼슘, 마그네슘, 나트륨, 칼륨 · 116
- 칼슘(Calcium, Ca^{2+}) · 118
- 마그네슘(Magnesium, Mg^{2+}) · 119
- 나트륨 (Sodium, Na^+) · 120
- 칼륨(Potassium, K^+) · 121

미네랄은 다른 음식에서도 영향을 끼칠까? —————— 122
- 요리 · 122
- 제빵 · 123
- 맥주(Beer) · 125
- 와인(Wine) · 128
- Casual Talk! · 130

Part.04 물은 다양하고, 선택은 우리의 몫이다

결국 물은 선택이다? 물의 종류부터 알고 적용시키자 —— 134
- Tap water (수돗물) · 134
- Distilled water (증류수) · 135
- Bottled water (생수) · 135
- Filtered water (정수된 물) · 136

1. Water treatment system(수질 관리 체계) ·137
2. Alkalinity reduction (알칼리 감소) ·138

/ Casual Talk! ·145

탄산수의 열풍? 진실과 허구 사이에서 — 148
/ 역사 ·149
/ 건강에 미치는 영향 ·150
/ 제조 방법 ·151
1. 발효 (fermentation) ·153
2. 연료 가스 충전 (fuel gas recovery) ·154
3. 멤브레인 분리 시스템(membrane separation system) ·155

새로운 물이 출시되었다: 수소수란? — 157
/ 정의 ·157
/ 특징 ·158

Part.05 그래도 정답이 있지 않을까? (Recent report)

과학적, 객관적, 분석적 — 161
/ **경도 및 알칼리도의 허용 범위** ·161
/ **물의 레시피화: '70/30 water'** ·163
1. 준비물 ·163
2. 준비 과정 ·163

커피와 물의 과거, 현재 그리고 미래 — 165
/ **과거 (1958~2000년 초기)** ·166
/ **현재 (2010년대 이후~)** ·168
/ **미래** ·169

부록1_해외 수질 분포도(영국/미국/일본)

대륙별로 다르며 대표 음식마저도 영향을 끼칠 수 있다. ─────── 172

부록2_우리나라 수질 항목 기준 및 측정

우리나라 수질 항목 기준이 마련된 배경 ───────────── 182

/ **우리나라 먹는 물 수질 기준의 항목별 측정 방법** · 185

  1. pH 측정 방법 · 185
  2. 전기전도도 측정 방법 · 186
  3. 증발 잔류물 측정 방법 · 187
  4. 경도 · 189

Q & A ───────────────────────────── 193
에필로그 ──────────────────────────── 203
참고문헌 ──────────────────────────── 206

Part.01

커피에서 물이란?
"물이 다르면 커피 맛도 달라진다"

커피의 98%는 물과 약간의 향미 성분으로 인하여 커피 향미가 발현도 지만,
정량적인 관점에서 대부분을 차지하는 것은 바로 물이다. 커피 향미에 있어서
둘은 유의미한 영향을 주는 독립 변수로 영향력이 매우 크다고 할 수 있다.

　커피와 차를 기반으로 한 식음료 문화가 점차적으로 생활화되고, 우리 일상에 깊이 침투해왔다. 이미 선진국은 하나의 커피문화처럼 생활 패턴에도 직·간접적인 영향을 끼친다고 한다. 우리나라는 아직 그 정도는 아니지만, 예전에 비하여 음료의 종류가 늘어나고 추출법이 폭넓어지면서 다양한 방법이 계속 출시되고 있다는 것은 두말할 여지가 없다.

　추출법은 실용적인 면에서 점점 간소화되고, 맛의 재연성을 위해 변수를 최소화할 수 있도록 과학화되며 유행에 맞춰 빠르게 변해 왔다. 스타벅스와 같은 글로벌 회사부터 개인 독립 카페에서 사용되는 추출법은 실용적으로 맞춰서 제공되는데, 이 부문에서 우리는 앞으로 수질 관리에 초점을 맞춰 보겠다. 단, 추출법에 적용되는 변수는 논외로 한다.

　사용되는 물만 보면, 우선 전 세계적으로 원수의 형태는 다르다. 물론, 당연히 다를 수밖에 없다. 거주하는 국가 내 같은 도시에 상주하더라도 지역구 내 원수 원천 및 조건 등이 달라질 수 있다. 그러므로 성질이 다른 물로 사용될 가능성도 적지 않다. 마케팅 전문가인 Ronit은 "수로에서부터 모든 가정 내 수도 꼭지까지가 다르기 때문에, 수질은 결국 달라진다"라고 전하였다. 이처럼 커피 전문점에서 사용되는 물도 달라지고, 이에 따라 정수 시스템 역시 변할 것이니, 우리가 마시는 물에 어떤 요인이 존재하는지 파악하는 것이 결국 훌륭한 음료를 추출해 나가기 위한 본질적인 방법이 되리라 생각한다. 여담이지만, La marzocco의 제품 매니저인 Scott는 "직접 물을 테스트해 보지 않는 사람한테 필터나 water unit은 절대 구입하지 말라"고 하였다.

요즘 본인이 사용하는 물을 간단히 테스트해 보기 위해 먼저 TDS를 확인하곤 한다. 시중에 있는 기구를 가지고 미네랄, 염분, 유기물 등 총체적으로 녹아 있는 물질의 양을 체크하는 것이다. 만약 TDS 수치가 너무 높으면, 우선 미네랄 함량이 많다는 것을 의미한다. 물에 내재된 미네랄과 오염 물질을 확인한 후, 전문가에게 요청하는 것이 가장 최선이라고 개인적으로 생각한다. 어떤 매장은 역삼투압이 적합할 수도 있고, 또 다른 매장은 필터 시스템이 맞을 수도 있기 때문이다. 하지만 여기서 명심해야 할 사항은 '어떤 하나의 시스템'도 '문제'를 완전히 해결하기는 힘들다는 것이다. 결국, 본인이 생각하기에 가장 필요한 문제점과 원하는 방향성에 가장 적합한 것을 선택하는 것이다. 그럼에도 불구하고, 다음과 같은 궁금증이 생길 것이다.

"그럼 매장의 수질 관리와 한 잔의 훌륭한 음료를 만들기 위해서 어떤 것이 필요할까?"

이는 마치 한 잔의 완벽한 커피를 만들기 위한 방법을 추구하는 것과 같다.

간단 명료하게 답을 내릴 수 없을 뿐만 아니라, 매장에서 선호하는 맛에 따라 물의 변수도 달라질 수 있다는 것이다.

결국, 수(水) 화학(water chemistry)은 각 수원지의 오염 물질 사이에 발생하는 이화학적인 반응 간의 복잡한 조합이다. 그래서 단지 일부를 보는 것보다 전체 그림을 보고 판단하는 것이 필요하다. 본 책에서는 커피에 있어서 물의 중요성을 알리고 '물'을 커피 맛의 변화를 가져오는 인자이자, 가장 큰 독립 변수로 두고 진행해 보고자 한다. 요즘은 카페 및 학원, 업체에서 물의 중요성을 알리고 물 자체 테이스팅부터 커피 맛 테이스팅까지 다양한 실험을 제공하는 경우가 많다. 앞으로도 커피에 있어서의 '물' 그리고 이화학적인 '물'에 관한 정보는 더욱 범람해질 것이다. 이에 따라 우리는 더욱 혼란스러워질 수 있다. 어떻게 접근해야 하고, 어디까지 이해할 수 있을지, 우려 섞인 목소리가 나올 수 있다.

이 책이 전체적인 방향을 이끌어 나가는 큰 지표는 못되더라도 어떤 물이 커피에 적합한 것인지, 이를 위해 우린 무엇을 어떻게 해야 하는지에 대한 힌트는 될 것이다. 물에 관한 접근법이 막막할 때, 홀로 진행한 실험 결과가 난해할 때, 실전에서 필터를 선택하는 방법에 이르기까지 다양한 분야에 맞춰 나가는 길잡이가 되길 바라는 마음으로, 물과 커피에 관한 이야기를 지금부터 풀어나갈까 한다.

커피 산업에서 물의 중요성은 점점 커지고 있다

　그 동안 물은 머신 보호 또는 스케일 방지용으로서만 국한되어 있을 뿐, 추출 영역에서 로스팅 조건 및 분쇄 일자 등의 추출 변수에 비해 부수적인 요인으로 간주되었다. 마지막 결과물인 향미 관리를 위해서 우리는 재료의 중요성을 강조하고, 추출 변수를 역추적하며, 생두부터 원두까지의 긴 공정을 체크하고, 진화된 추출 기구 및 머신을 사용하여 커피 맛의 품질을 향상시키려고 노력해 왔다. 맛의 변화 원인으로써 로스팅 날짜, 분쇄도 및 추출 조건 등을 수정하였을 뿐 다른 요인에 대해서 고려하지 않았던 것이다. 수질은 머신 및 장비 관리에서 파생되는 결과물로만 인지될 뿐, 물의 변화 및 조건을 커피 맛에 적용시키려는 생각은 하지 않았다. 하지만 수 년 전부터 분위기가 조금씩 바뀌고 있다. 커피에서의 물은 단순히 추출수로서만 존재하는 것이 아니라 향미에도 직접적으로 영향을 끼치는 인자라고 생각하는 이들이 점점 늘어났기 때문이다.

첫째, 커피전문전시회에서 다수의 정수 필터 업체를 쉽게 찾아 볼 수 있고, 다양한 정수 필터를 접할 수 있다. 심지어 진보된 정수 필터 시스템은 커피 맛에 영향을 끼치는 미네랄을 직접 조정 가능하다고 들었다. 그런 특수 필터는 가격이 다소 비싸겠으나, 전반적으로 이전과는 사뭇 다른 양상을 보인다. 예전에는 대중적인 카본 필터를 장착하거나 벽에 부착해서 인테리어 역할과 특정 브랜드 정수 필터를 사용한다는 간접적인 느낌을 진하게 풍겼다면, 요즘은 면밀하게 분석하기 시작했다. 예를 들면, 특정 브랜드 ➡ 카본 필터 ➡ 필터 세부 시스템 ➡ 미네랄 컨트롤 여부 ➡ 맛에 이르기까지 일련의 과정을 고려한다. 물론, 가격 경쟁력으로 인해 선택권에 제약이 따를 수 있으나, 우리가 조정할 수 있는 물의 요인들이 점점 다양해졌다는 것은 아주 큰 장점일 것이다.

둘째, 예전에는 유명 전시회에서 커피와 물에 관련된 세미나를 접할 수 있었지만, 약 2~3년 전부터 학원이나 카페 또는 유명 에스프레소 머신 판매 업체에서 자체적으로 세미나를 주관하고 있다. 사실, 2004년에 물과 커피 맛에 관한 기사가 실렸다고 한다. 커피 전문지에서 커피 맛을 좌우하는 요인으로 전반적인 '물'의 특성에 관해 다루었고, 2008년에 성장된 '생수 시장', 2014년에는 물에 용존된 미네랄과 커피 맛의 특성에 관한 연구가 연재되며 약 10년

동안 정보 전달부터 연구 결과 보고에 이르기까지 과학적 자료를 제시하며 물의 중요성을 지속적으로 환기시켰다. 지금은 직접 실험한 연구 결과와 정수 필터 업체들의 물 관련 정보, 물을 전공한 이공계 학자와 기타 음료 및 요리 부문에 이르기까지 향후 물의 역할에 관한 중요성은 점차적으로 진행될 것이라 예측한다.

이제는 손쉽게 물 관련 강의를 접할 수 있다. 개인적으로 참석하여 들어본 바, 주된 내용은 물의 이화학적인 측면과 중요성 그리고 시중에 있는 물을 달리하였을 때 추출된 커피의 블라인드 테스트로 구성되었다. 시판되는 물의 T.D.S 함량을 체크하고, 비교 대상으로 증류수로 추출된 커피를 사용하여 관능 평가로 진행한다. 완벽한 정보 전달은 힘들더라도, 이전에 비하여 양질의 내용으로 지속적인 세미나를 준비한다는 것만으로도 매우 고무적인 변화라고 본다.

대부분의 실험 방법과 결과는 동일하고 정보를 접할 수 있지만, 그 이상의 깊이 있는 고찰과 해석은 찾아볼 수는 없다는 점은 아쉽다고 생각한다. 물에 대하여 더욱 흥미롭게 생각하지만, 끊임없이 움직이고 자연 현상과 직접적으로 연관되어 전해지기 때문에 우리는 물에 관한 연구를 쉽게 시작할 수도 없고, 아마도 완벽한 결론을 도출할 수 없을지도 모른다. 하지만 커피 연구 중, 커피를 제외한 물에 대하여 연구하는 자체만으로도 이미 한 단계 성장했다고 본다. 만약 매일 마시는 아메리카노 맛이 변한 이유로 물을 떠올렸다는 것만으로도 괄목할 만한 현상이다.

셋째, 바리스타의 관심도가 높아졌다. 대회에 참가한 바리스타는 커피뿐만

이 아니라 추출수로써 그 중요성을 강조하고 있다. 책 저자로 활동한 영국 바리스타 챔피언 Maxwell은 추출수로써 알칼리수를 준비해 산도를 조정하며 커피 맛의 변화를 꾀한 시도는 매우 인상깊었다. 물론 대회 내 공식적인 물의 기준 및 필터 시스템도 규격화했으나, 본인이 준비한 추출수로 커피 맛의 영역까지 컨트롤하며 깊이를 더해가는 모습이 다른 이들에게 물의 중요성을 알려주고 실생활에 응용 가능하도록 좋은 본보기가 되었다고 본다.

추출의 필수 요인들에 관해 알아보자

 맛있는 커피를 추출하는 과정은 마치 끝없는 여정과 같다. 어느 요소 하나를 소홀히 할 수 없으며, 한 요소만 강조한다고 해서 맛을 극대화시킬 수 있는 것도 아니다. 끊임없는 준비 과정과 노력으로 전체적인 밸런스를 맞춰 주어야 좋은 커피맛을 낼 수 있다.

 고품질의 커피를 음용하기 위해서는 재배 및 수확이 잘 된 질 좋은 생두(그린빈)를 가지고, 적절한 머신과 그에 맞는 기술로 로스팅하는 과정이 필요하며, 마지막으로 분쇄된 커피와 추출 농도를 고려한 최적의 밸런스로 만들어 내는 추출 과정을 거쳐야 한다. 본지에서는 생두 ➡ 로스팅 ➡ 추출 과정에 관한 자세한 배경 지식보다는 추출 과정에 큰 요인을 차지하는 물의 역할에 관해 초점을 맞추어 설명하고자 한다.

커피 추출물에는 물에서 나온 80%의 수용성 성분과 20%의 향미 성분으로 구성되어 있다. 이들이 어우러져서 우리가 마시는 커피의 아로마, 테이스트 등 관능적 특성에 일조하는 것이다. 커피 향미는 블렌딩 및 로스팅 조건에 따라 달라지는 것만이 아니라, 사용하는 물과 비율에 따라서도 향미 성분이 달라질 수 있다. 다시 말하면, 물은 향미가 좋은 부분을 쉽게 뽑아낸다. 전체 추출물과 비교해 봤을 때 극히 소량이거나 측정이 어렵지만, 향미 성분은 음료의 플레이버를 자각 할 수 있도록 상당 부분을 기여한다. 물에 녹아져 나와 맛에 영향을 미치는 성분과 용해되지 않아 바디에 영향을 끼치는 성분들은 쉽게 사라지기도 하지만, 아로마와 테이스트의 두 가지와 관련된 성분들은 다양하게 여러 종류로 구성된 화학적 성분이 내재되어 있다. 일반적으로, 가장 향미가 강력한 성분들은 초반에 추출된다. 커피 입자와 물과의 접촉 시간이 길어질수록, 향미가 적은 성분들이 방출되는 양이 많아진다. 즉 추출시간을 연장하는 것은 음료의 향미의 질을 떨어뜨리는 결과물로 만드는 것이다. 따라서, 최적의 결과물을 위해서는 추출 과정을 컨트롤 할 수 있어야 하는 것이다.

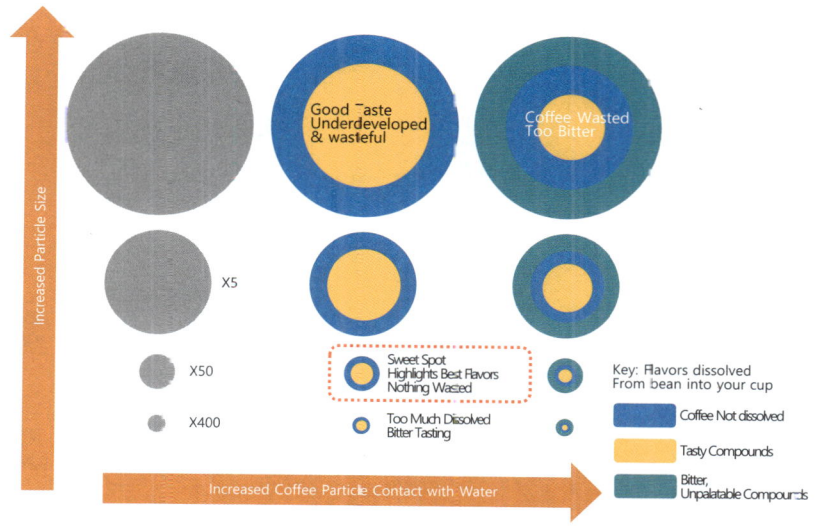

❖ 6가지의 필수 요인

향미가 우수한 커피를 추출하기 위해서 필수적인 6가지 요인들이 있다.

1) 정확한 커피와 물의 비율

품질 좋은 커피를 만들기 위해서 농도(가용성 농도)와 추출(용해된 수율)의 밸런스는 커피의 완성도에 중요한 영향을 끼친다. 밸런스를 조절하는 것이 최종 결과물에 큰 영향을 끼치기 때문이다. 허용될 수 있는 최고 농도 범위는 커피 1.0~1.5%와 물 98.5~99.0%이다. 커피 농도가 1%보다 적으면 너무 연한 맛을 내고, 1.5% 이상이면 너무 진해진다. 허용될 수 있는 최고 수율 범위는 18~22% 정도이고 16% 이하면 언더디벨롭드 수율(under-developed yield)로 너티하고 또는 풋내와 같은 향미를 낸다. 반면에, 과추출된 경우는

24% 이상일 경우로 다소 쓰고 떫은 맛을 낸다. SCAA에서 제시한 브루잉 포뮬러를 참고로, 적정한 커피와 물의 비율을 선택하여 수용성 농도와 수율을 조절하는 것이 중요하다.

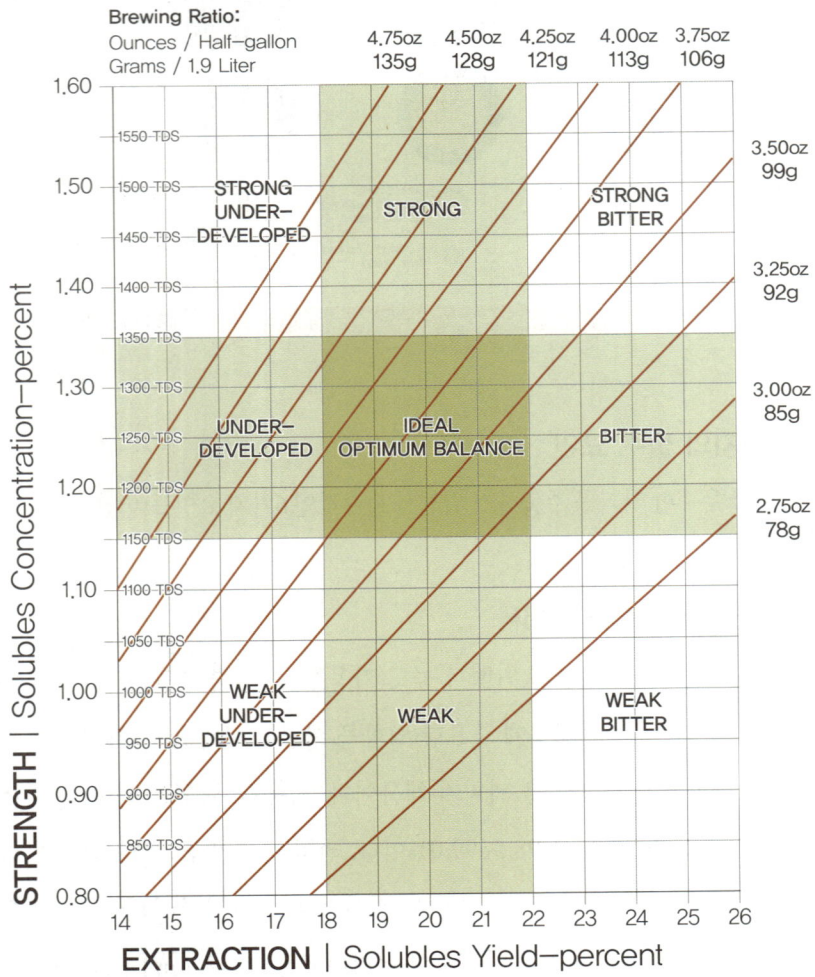

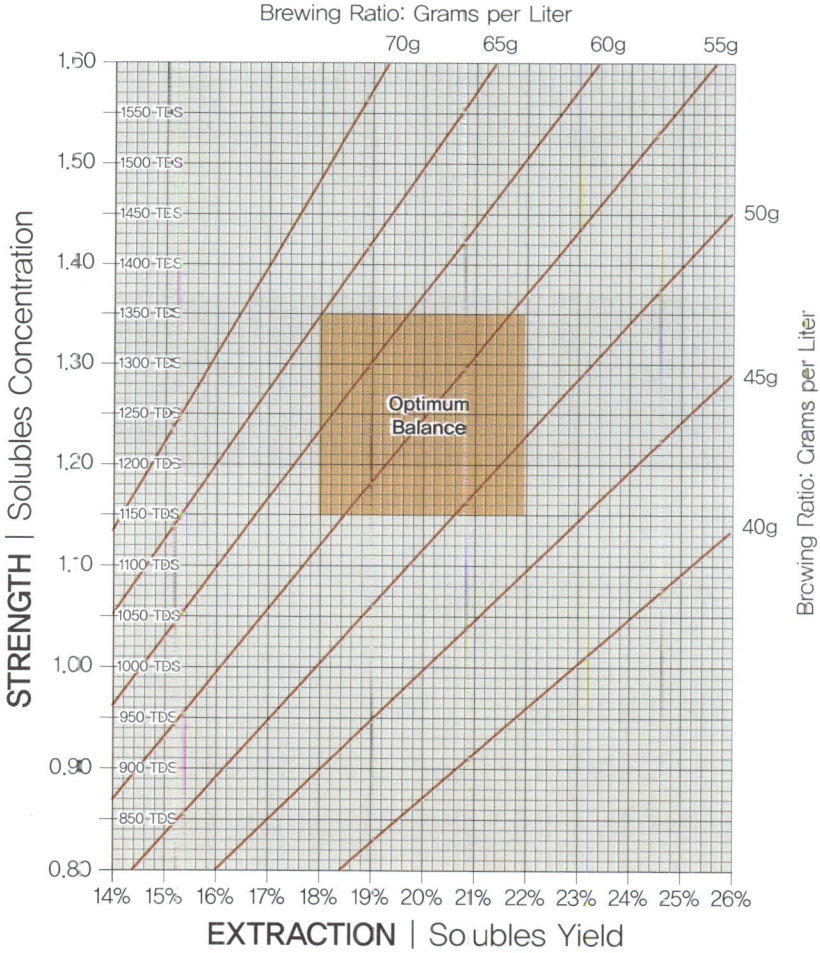

〈출처: The Coffee Brewing handbook, SCAA, 1996〉

2) 추출 시간에 어울리는 커피 입자 조절

브루잉 포뮬러를 참조하여 어떤 비율로 맞추어 추출할지 결정했다면, 다음으로 고려해야 할 것은 추출시간에 맞는 커피 입자를 조절하는 것이다. 향미 성분의 과소 추출 또는 과다 추출을 방지하기 위해서 추출방법 및 기구와 어울리는 정확한 커피입자를 맞춰야 한다. 일반적으로, 추출 시간이 길수록 굵은 입자(coarser particle)가 어울리고, 추출 시간이 짧을수록 가는 입자(finer particle)를 사용한다.

〈분쇄 입자〉

3) 추출 기구의 적정한 사용법

① 커피 입자와 물의 접촉 시간

　추출은 커피입자들이 물 속에 흡수되는 동안, 용존 된 커피 입자 속의 수용성 성분을 뽑아 내는 과정이라 할 수 있다. 물을 다른 비율로 조정하더라도 커피입자들로부터 여러 종류의 화학적 성분을 뽑아내고, 용해된 성분들이 섞여 지속적으로 변해 가는 것이다. 그러므로 추출 시간을 조정하는 것이 최적의 추출과 균일한 결과물을 만들어 내는 것이다.

② 물의 온도

　냉수는 온수처럼 완전하고 신속하게 커피를 뽑아내지 못한다. 물의 온도가 92~96℃일 때, 아로마 성분이 더 빠르고 자유롭게 방출되며, 합리적인 시간

내 다른 수용성 성분들이 적절하지 추출될 수 있도록 만든다. 따라서, 온도는 브루잉 싸이클 내내 변함없이 잘 유지되어야 한다.

③ 와류(Turbulence)

물이 커피 입자 위로 통과될 때, 와류로 알려진, 혼합된 현상이 발생한다. 와류는 초반에 커피 입자를 적시고 물이 균일하게 그 사이를 흐를 수 있도록 충분하게 만든다. 적심 과정(wetting)은 물이 입자 사이를 통과할 수 있게 하고, 균일하게 흐를수록 수용성 성분들이 음료 내로 녹아져 나올 수 있게 만든다. 뿐만 아니라, 적절한 와류는 물과 커피 간의 즉각적인 접촉, 즉, 초반부터 흠뻑 적셔 더 이상 여분의 향기 성분 및 용해된 물질들이 사라지는 것을 도와준다.

4) 최적의 추출 방법

동일한 커피를 사용하더라도, 추출 기구의 종류에 따라 발현되는 커피 향미는 제각기 다를 수 있다. 추출기구의 디자인도 추출 기본 원리에 근거하여 만들곤 한다.

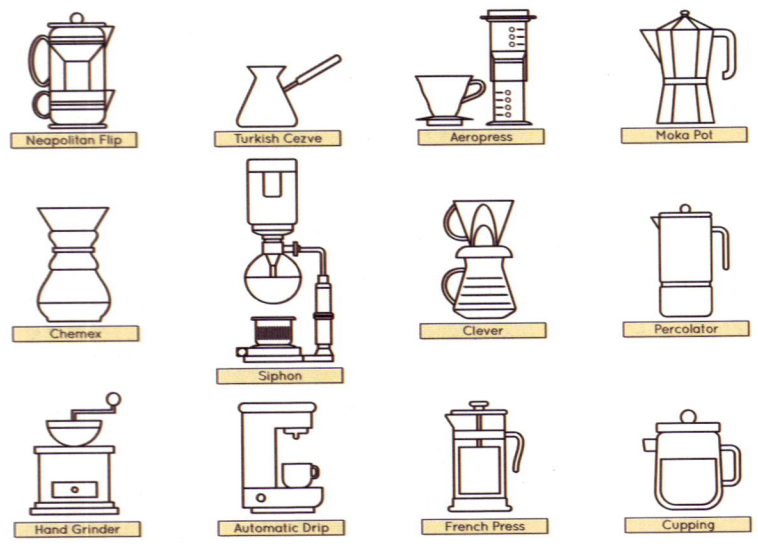

① Steeping (침지)

　용기에 커피 가루를 부은 후 온수를 섞은 다음 일정한 시간을 기다린 후 추출하는 것이다. 분쇄 입자 크기 및 물의 온도에 따라 접촉시키는 시간은 달라지고, 커피 가루를 젓는 횟수 및 추출 종료 시점마다 결과물의 향미는 달라질 것이다.

② Decoction (달임)

　용기에 커피 가루와 물을 섞은 뒤, 한소끔 끓이는 것이다. 약 100℃ 정도에 이르면, 높은 온도 때문에 더 이상 진행하기 어려울 수 있고 물이 끓기 때문에 심한 난류가 발생될 수 있다.

③ Percolation (퍼콜레이션)

　용기에 넣은 분쇄된 커피를 브루잉 챔버를 통해, 직접 가열하여 내부 펌프를 통해서 뜨거운 물을 순환시키면서 커피를 추출하는 방법이다. 펌프는 온수 및 커피를 반복적으로 통과하여, 초반에는 물, 커피 추출물 그리고 분쇄커피 순서로 관통하며 순환한다. 이 경우에는 커피입자 크기나 물의 온도, 순환되는 속도 등은 접촉하는 시간에 따라 달라질 수 있다.

④ Drip filtration (드립 필터)

필터에 커피 가루를 붓고 뜨거운 물을 관통시켜 서버나 주전자로 추출액을 떨어뜨리는 것이다. 최근 진화된 방식으로 빈번하게 볼 수 있는 추출법 중 하나로, 핸드드립이나 푸어오버 등이 사용된다. 드립에 관해서는 워낙 방대하여 각기 다른 드립법이 존재하며, 드립에 관한 책도 많이 출간되어 있으니 추구하는 커피 향미에 맞추어 적절하게 사용하길 바란다. 푸어오버도 다양한 추출 기구가 있으며 각기 다른 방법으로 추출한다. 원리는 유속에 따른 접촉시간이 매우 중요한 요소이며, 다른 추출 기구처럼 둘의 온도, 드립 기구의 형태 및 필터 타입에 따라서도 커피 향미가 달라지는 것도 주요 요인이다.

⑤ Vacuum filtration(진공 여과)

　대표적으로 사이폰 커피가 널리 알려져 있다. 이 추출법은 2개의 챔버(플라스크 또는 용기)를 사용하여 steeping(침지) 방법을 변형 시킨 거라 할 수 있다. 증기압이 하부의 플라스크로부터 온수를 밀어내어 커피가루를 통과시켜 상부 플라스크에서의 압력차를 이용해 필터에 거른 후 커피를 추출하는 방식이다. 증기로 방출되고 커피와 물을 젓는 횟수에 따라 변수는 다양해진다. 진공 방식에 따라 얼마나 빨리 접촉되는지, 필터의 종류나 입자 크기에 따라 다양한 맛을 낼 수 있다.

⑥ Pressurized infusion (가압된 인퓨전)

　커피를 대중화시킨 일등공신은 에스프레소다. 빠르고 신속하게 추출된 커피를 음용할 수 있게 만들어 많은 사랑을 받고, 이를 기반으로 우리가 알고 있는 커피문화가 활성화되어 여러 커피 업체들이 생겨났다. 고온·고압의 물을 분쇄된 커피가루에 가해 뽑아내는 추출법이다. 필터커피에 비해 농도가 진하며, 향미 성분과 에멀젼화된 고체오일과 용해된 고형물의 양이 많다. 음료의 재연성을 위해서는 신속하고 일관된 추출 시간과 아주 미세하게 분쇄된 입자 크기가 필수적이며 추출 온도와 분쇄된 커피 양도 매우 중요한 요인이라 할 수 있다.

위와 같은 추출 방법들이 커피음료를 만들어 내고, 특히 decoction과 percolation은 추출 과다를 야기시켜 상대적으로 좋지 않은 맛을 내어 잘 사용하지는 않는다.

5) 수질(Good quality water)

이 책을 쓰는 가장 본질적인 이유로 앞으로 수질의 영향력에 대해 논하고자 한다. 물은 커피 추출액의 약 98% 이상을 차지한다. 약간의 미네랄을 함유한 물은 최적의 음료맛을 내는데 일조한다. 일반적으로 50~100ppm 정도의 미네랄을 함유한 물이 가장 맛 좋은 음료를 만들어 낸다고 한다. 이와 같은 물을 마셨을 때 신선하고, 음용하기에 수질이 우수하며, 이취도 없고, 눈에 보이는 불순물도 없다. 약간의 연수와 경수는 우리가 원하는 정도의 결과물을 내진 않지만, 커피 추출수로써 물은 반드시 관리되어야 한다는 점이다. 나트륨 이온으로 대체하는 물의 연수과정은 특히, 다량의 중탄산염등 고형물을 함유한 물에 다소 추천할 말한 것은 아니다. 위 방식은 가끔 알칼리도를 증가시킬 수 있어 커피맛에 바람직하지 않으며 처리 방식에 따라서, 물과 커피와의 접촉시간이 늘어남에 따라 과다 추출될 가능성이 높아지고, 원치 않는 쓴맛을 내기도 하기 때문이다.

6) 적절한 필터 재질

필터는 광범위할 정도로 종류가 많고 많이 이용되는 유용한 아이템이다. 각 기구마다, 커피 전문점의 컨셉 또는 지향하는 맛의 캐릭터에 따라 선택된다. 유행처럼 일시적으로 사용되는 필터도 있는가 반면에, 하나의 필터만으로 전문성을 가지고 오랜 시간 동안 사용하여 커피 전문점을 대표하는 경우도 있다. 필터링 방법은 직, 간접적으로 음료의 바디(묵직함) 및 향미와 연결되기 때문에 어떤 필터를 사용하느냐에 따라 커피 캐릭터가 나타나기 때문에 주요 요인이라 할 수 있다. 다양한 필터가 시중에 존재하지만, 일반적으로 3가지 종류로 분류해서 알아보고자 한다.

① Perforated metal plate (구멍 뚫린 메탈 기구)

구멍의 크기와 개수는 다양하지만 분쇄입도를 반드시 고려해서 사용해야 한다. 이 기구는 사실상 음료를 정화시키는 것과는 무관하다. 다만, 아주 가는 입자들만이 관통할 수 있다.

② Cloth(직물 또는 천)

　대표적으로 플란넬 또는 융을 꼽을 수 있다. 이러한 타입의 필터를 사용하기 전에는 반드시 한번 삶아 줘야 하고 지속적으로 사용하기 위해서는 특별히 잘 관리해야 한다. 오일이 천에 스며드는 것을 방지해야만, 부패되지 않으며 음료의 향미를 왜곡시키지 않는다. 보관 온도(사용 후에는 냉수 또는 냉장 보관) 또는 용기를 잘 선택해서 관리 해야 한다. 필터로써 음료의 좋은 맛을 뽑아내는데 일조한다.

③ Paper (페이퍼)

　가장 깔끔한 맛을 낸다고 알려져 있으나, 페이퍼 필터만으로 이상적인 추출 조건을 만드는 것은 다소 어렵지만, 깔끔한 맛과 함께 사용하기 편하고 보관 및 관리가 수월하기 때문에 많은 커피 전문점들이 사용하고 있다.

　근본적으로, 커피 음료의 질은 뽑아내는 사람의 역량에 따라 달려있다. 세상에서 가장 훌륭한 커피를 가지고 사용하는 것보다, 콩에서부터 한 잔의 컵까지의 과정을 떠올리며 추출의 전반적인 과정과 위의 6가지 추출의 필수 요소를 기억하여 조정하며 만들어 나가는 것이 이상적인 커피 맛에 근접하는 길이다.

추출하기 위한 물의 기준

지금까지 커피 산업에서 물의 중요성 및 추출의 필수 요인등에 관해 살펴보았다. 정확한 정답은 없지만, 어떤 방법을 선택하든 그에 따른 장단점이 존재하며, 본인이 가장 추구하는 방향성이 결국은 본질에 접근할 수 있겠지만, 한편으로는 기준치 또는 허용 기준에 관해 답답함도 느꼈으리라 생각된다. 아무리 다양한 범주가 있더라도 어느 정도의 범위는 존재하기 때문이다. 이에 SCAA는 추출수의 기준을 마련하였고 널리 알려져 해당 기준치에 관한 실험 및 테스트도 진행된 바 있으며, 해외 선행 연구에서도 여러차례 참조한 바 있다.

적정량의 미네랄은 물맛을 좋게 하며 대부분 칼슘, 마그네슘, 칼륨, 규산 등이 있는데 이들의 전해 농도가 100ppm일 때 최적의 맛을 낸다고 알려져 왔다. 이들이 지나치게 많으면 물맛을 변질시킬 수 있으며, 칼슘이 너무 많으면 짠맛, 마그네슘이 지나치면 쓴맛이 난다.

Characteristic	Target	Acceptable Range
Odor[1]	Clean / Fresh, Odor free	
Color[2]	Clear color	
Total chlorine	0 mg/L	
TDS[3]	150 mg/L	75–250 mg/L
Calcium Hardness	4 grain or 68 mg/L	1–5 grains or 17–85 mg/L
Total Alkalinity	40 mg/L	At or near 40 mg/L
PH	7.0	6.5 to 7.5
Sodium	10 mg/L	At or near 10 mg/L

〈출처: SCAA water standards〉

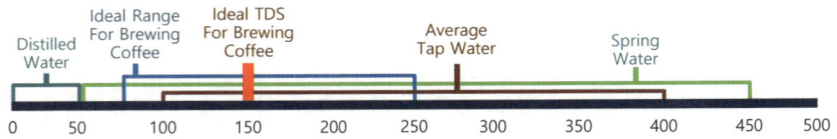

    SCAA Water Standards에 의하면, 이상적인 물의 TDS는 150mg/L, TDS의 허용 범위는 75~250mg/L, 이상적인 경도는 68mg/L, 경도의 허용 범위는 17~85mg/L로 규정하고 있다. 커핑에서 사용하는 물의 기준도 있다. SCAA cupping protocol은, 정수된 물 또는 시중의 생수를 추천하고, 증류수 혹은 연수는 추천하지 않았다. 이상적인 TDS는 135~175ppm으로 100ppm 이하, 혹은 250ppm 이상은 사용하지 않으며, 커피 브루잉 센터는 총 용존 고형분 함량은 300ppm, 물의 총 경도는 150ppm, 칼슘과 마그네슘 함량은 100ppm, 탄산·탄산 수소·알칼리도는 100ppm, 나트륨과 칼륨은 500ppm을 초과하는 경우에는 결국 음용되는 커피의 감각적 품질을 떨어뜨릴 수 있다고 전했다.

❖ SCAA에서 진행한 커피 테이스팅 결과

SCAA 기술 개발파트에서는 커피 테이스팅에 관한 실험을 진행한 바 있다. 우리가 자주 접하는 방법처럼 동일한 커피에 TDS 레벨을 조정하여 커핑을 한 결과, 향미의 차이가 나타났다. 해당 실험은 블라인드 테스트로 진행하였고, TDS만을 주요 변수로 설정하였다. 추출 환경은 동일한 커피 및, 분쇄도와 추출 기구 아래, 표준 미네랄 시약의 함량만 조절하였다. 아래 그림은 실험 결과로, 해석했을 시 동일한 의미 전달이 힘들 수 있으므로, 원어 자체로 전달한다. 당시 심사위원들은 이 중에서 TDS가 150mg/L일 때 가장 우수한 향미를 뽑아냈다고 전했다.

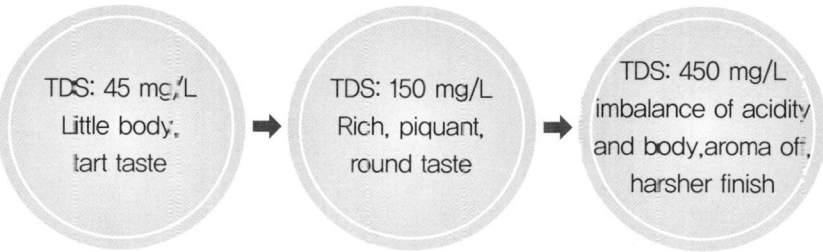

바로 2번째 실험도 진행하였다. 추출 조건 세팅은 이전처럼 동일하나 이번에는 TDS 농도가 125mg/L, 150mg/L, 175mg/L로 실험하였다. 이전과는 달리 서로간의 약 25mg/L의 소소한 차이가 나는데 과연 커피 향미에 영향을 끼치는지가 관건이었다. 인상 깊었던 점은 비록 적은 차이가 나더라도 패널들은 만장일치로 그 커피맛의 차이를 식별할 수 있었다는 것이다. 즉, TDS가 125mg/L와 175mg/L인 경우에는 산미와 바디간의 밸런스가 사라진 것처럼 느껴졌고, 150mg/L일 때가 가장 맛이 훌륭했다고 전했다. 여담이지만,

SCAA에서 마련한 기준은 이상적인 TDS 함량은 150mg/L이고, 허용 가능한 기준치는 135~175mg/L이던데, 이 실험으로 인하여 그 수치가 정해진 게 아닐까?

수질을 달리하였을 때 커피의 맛은 변할까?

　물을 달리하면 당연히 결과물인 커피의 맛도 달라진다. 3년 전 연구를 진행했을 때만 해도 주변의 관심도 저조하고, 나 역시 어떤 방법으로 시도해야 할지 감이 잡히지 않았는데, 요즘은 정수기 필터 업체는 물론이고, 각 분야의 머신 업체, 카페 등 회사마다 개별 세미나를 주최하여 시중에 판매되는 생수 및 정수, 증류수까지 준비해서 커피를 추출하여 블라인드 테스트로 진행하는 걸 자주 본다. 이는 당연한 현상이며, 이를 기반으로 최근엔 여러 종류의 물과 다양한 필터 심지어는 본인의 물을 테스트하는 워터테스트킷, 선별된 이온을 가지고 특수 제조하는 물까지도 무차별적으로 자주 접하게 되었다. 물론 거시적인 측면에서는, 커피뿐만 아니라 이제는 물까지 관심도가 확산되어 있다는 점에서 고무적인 변화로 본다.

본 단원에서는 수질을 달리하였을 때 커피 맛의 변화에 관한 실험과 시중에 사용되는 물의 미네랄 함량을 알아보며, 미네랄 이온과 향미가 상관성이 있는지 심층적으로 다뤄보고자 한다.

❖ 물을 달리하였을 때 커피 맛의 변화(Case Study)

이전에는 커피와 물에 관한 선행 연구를 찾아보면 수십년 전의 연구들이 대부분이었지만, 작년부터 커피와 물에 관한 책도 출간되고, 바리스타와 과학도와의 학문적인 파트너십으로 다양한 연구를 접하게 되었다. 커피와 물부터 시작해서, 로스팅 조건에 따른 미네랄 함량 및 최근에는 그라인딩과 커피 생두의 종류와 온도 등에 관한 연구도 발표되었다.

선행연구로는 수질이 에스프레소 커피에 미치는 영향(2010, Navarini), 추출된 커피 향미에 영향을 미치는 물의 불순물(1955, Lockhart), 수돗물에 잔존하는 특정 이온 컴비네이션이 원두와 분쇄된 커피 수율에 미치는 영향(1958, Gardner) 등이 있다. 또한, 중국에서는 수질이 녹차 추출액의 영양학적 성분과 항산화력에 미치는 영향(2009, Zhou)을 발표하였고, 일본에서도 녹차와 물에 관한 연구가 진행된 것으로 알고 있다. 위의 연구에서도 물에 포함된 미네랄 성분은 결국은 커피와 관능적 특성에 영향을 미치고, 최적의 미네랄 함량은 커피의 긍정적인 맛과 적정 함량 이상의 미네랄 성분은 커피의 부정적인 신맛(sour)과 떫은 맛(astringent)을 낸다고 보고하였다.

그렇다면, 커피 향미와 미네랄 농도에는 어떤 상관 관계가 있을까? 과다한 미네랄 함량은 커피 본연의 맛을 왜곡시킬 수 있다고 하는데, 과연 어느 정도

인지 우리는 알 수 있을까? 먼저 커피나 물에 관련된 실험 방법에 대해 잠깐 알아보도록 하겠다.

1) 실험 방법

다양한 업체에서 제공하는 커피와 물에 관한 세미나는 계속 진행 중이다. 이는 연구 관련 실험이 아니기 때문에 여러 변수와 외부 환경을 고려해야 하며, 커피와 물에 관한 실험 역시 크게 정해진 바는 없다. 다만, 변수를 충분히 컨트롤할 수 있다는 것과 전체적인 실험 목적에 부합할 수 있어야 한다는 것이 중요하다고 본다. 일반적으로 진행되는 방식은 다음과 같다.

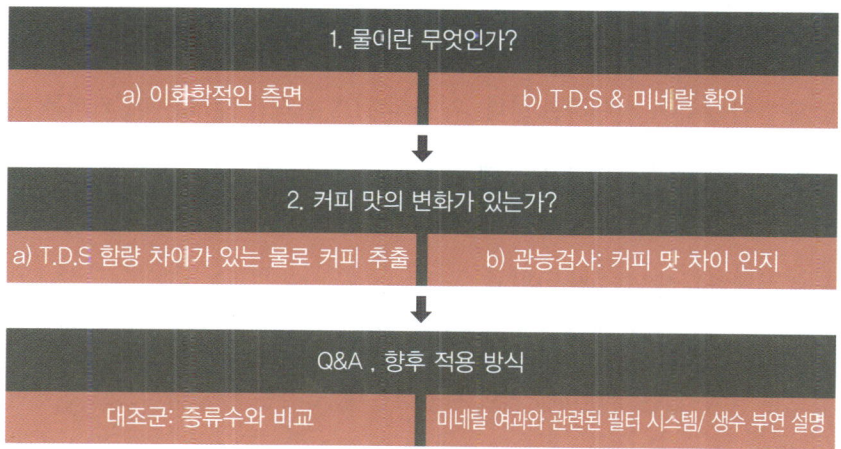

초반부에는, 물에 관한 전반적인 설명을 필두로 진행한다.

이화학적인 측면으로 물의 근원지 및 유입 경로를 알아보고, 함유된 성분 및 물의 종류에 관해 배우는 것이다. 여기서 우리는 TDS를 크고 포괄적인 범위로써 접하고, 그중에서도 미네랄 특히 칼슘, 마그네슘에 대해 접할 것이다.

신체 구성 성분의 일원으로만 알았던 미네랄이 물 속에 용존되어 있고, 추출수로써 큰 영향력을 가진 인자로써 물에도 직접적으로 영향을 끼친다는 것이다. 이로써 물에 관한 전반적인 설명을 들으면 그 깊이가 남다르고 끝이 없다는 사실을 깨닫게 됨으로써, 물의 본질과 성질에 관해 재차 생각하게 만들 것이다.

중반부에는, 실제로 커피 맛의 차이가 발생하는지 직접 체험한다.

시판되는 생수의 TDS 함량을 측정하고 커피 추출수로써 사용한다. TDS 측정 방법은 몇 가지 있지만, 간단히 측정하기에는 휴대용 TDS 측정기를 사용하면 된다. 우리가 친숙하게 마시는 생수 중 삼다수, 백산수, 스파클, 아이시스, 그리고 대조군으로 에비앙을 사용하는 경우도 있고, 여기에 지하수나 약수, 그리고 정수를 추가하는 경우도 있다. 업체의 특성과 각 실험 목적에 맞게 물의 종류를 선택하곤 한다. 위 물의 TDS 함량을 체크한 후, 커피를 추출한다. 추출은 항상 완벽하고 재연성있게 진행되지는 않을 것이다. 어떤 방식을 선택하든, 변수나 아쉬운 점이 존재한다. 다만 그 변수가 가장 적은 쪽으로 선택하는 방법이 최선이다.

칼리타, 고노 등의 드리퍼를 사용하는 핸드드립 방식보다는 좀더 일정하게 컨트롤 할 수 있는 클레버를 많이 사용하는데, 필자는 커핑 방식으로 진행한 바 있다. 다만 커피 조건을 일정하게 맞춰야 한다는 것을 유념하길 바란다. 클레버를 사용한다면, 균일한 원두 및 입자 크기, 원두 양, 물의 온도와 추출 시간까지 맞춘 후 추출해야 한다. 또한 커핑으로 진행한다면, 커핑 조건에 맞는 로스팅 정도, 분쇄도, 원두량 등을 커핑 프로토콜에 따라 준비하면 된다. 관능 검사는 SCAA cupping form 또는 COE 양식으로 맞추거나, 또는, 일반적인 커피맛을 코는 기준치의 항목들로 준비해서 평가하면 된다. 만약 위 항목들이 너무 많다면, 최종 평가지에 향미, 긍정·부정적인 신맛, 단맛, 긍정·부정적인 쓴맛, 바디, 애프터 테이스트, 떫은맛으로 구성해도 된다. 3점, 5점, 9점의 척도는 심리 학상의 기준으로 어떤 것을 선택해도 결과는 대동소이하니, 편한 대로 선택하면 된다.

마지막으로 질의 응답 시간과 향후 적용 방식에 관한 설명으로 마무리 짓는다. 이는 세미나 목적에 맞추어 진행한다. TDS가 거의 없는 증류수와 대조하며 맛을 비교할 수도 있고, 업체들의 주요 정수 시스템에 관한 설명으로 마무리 지을 수도 있다. 필터의 장단점을 설명하여 물의 어떤 맛을 더 발현시키는지에 따라 본인이 지향하는 커피 맛도 달라질 수 있으니 말이다.

결론은, 물론 필터 하나를 바꾼다고 커피 맛이 드라마틱하게 바뀌지는 않겠지만, 완벽한 방법은 없으며, 전체적인 세부 사항들까지 적절히 맞춰줘야만 질 좋은 커피를 만들 수 있다는 점을 알려주는 것이 가장 큰 목적이라 할 수 있다.

2) 실험 결과: 물을 달리한 커피 맛의 변화

본 결과에 관련된 설명은 필자가 연구한 실험 결과와 통계 분석에 근거한 것이다. 물론, 위 연구결과를 일반화 및 객관화시키기에 부족할 수 있으며, 각 결과값들이 실질적으로 중요한 지표로 설정되기에 미흡할 수 있으나, 지속적인 연구 과제를 위한 발판과 동기를 제공하고자 하는 바람으로 제시하고자 한다.

① 관능 검사 결과

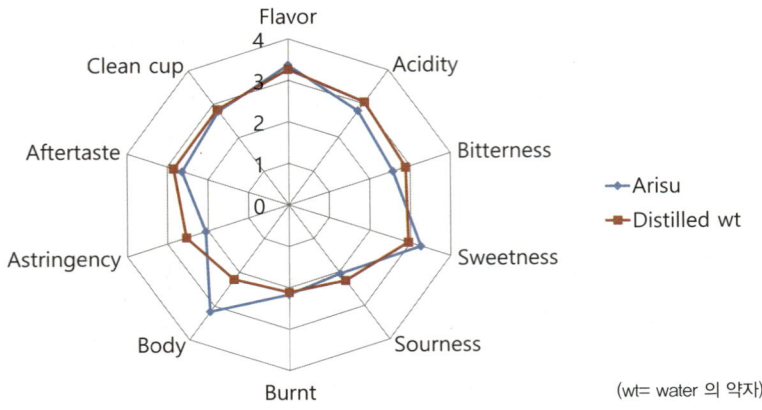

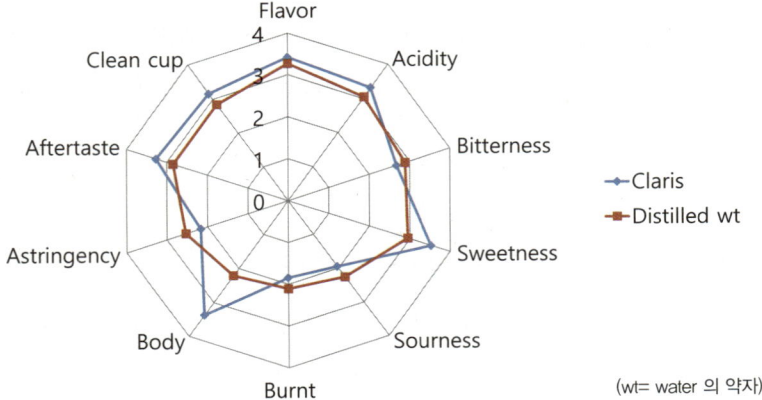

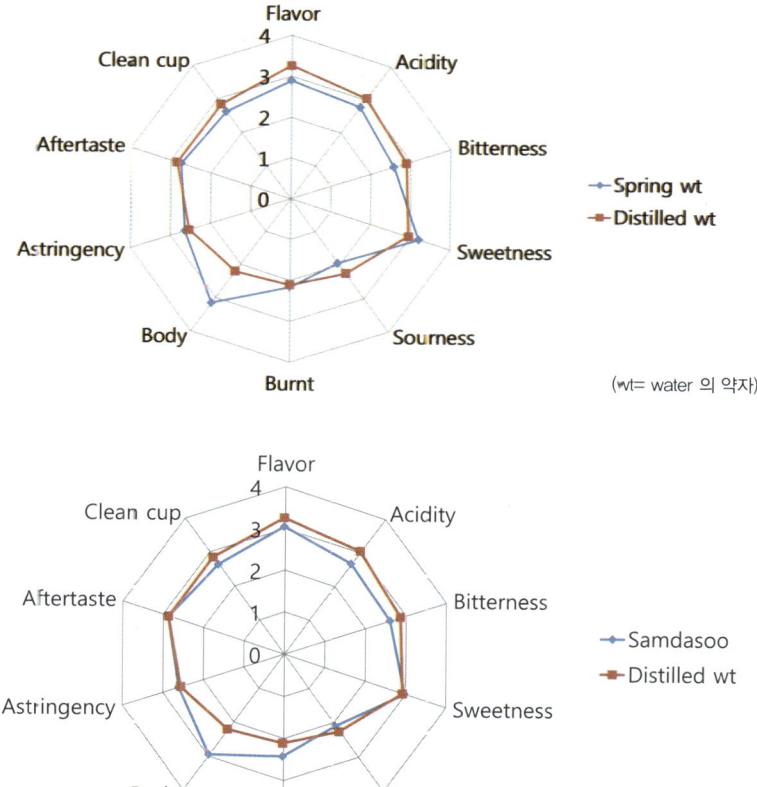

- Arisu=아리수, Claris=클라리스 정수 필터, Spring water=약수, Samdasoo=삼다수 생수, Distilled water=증류수

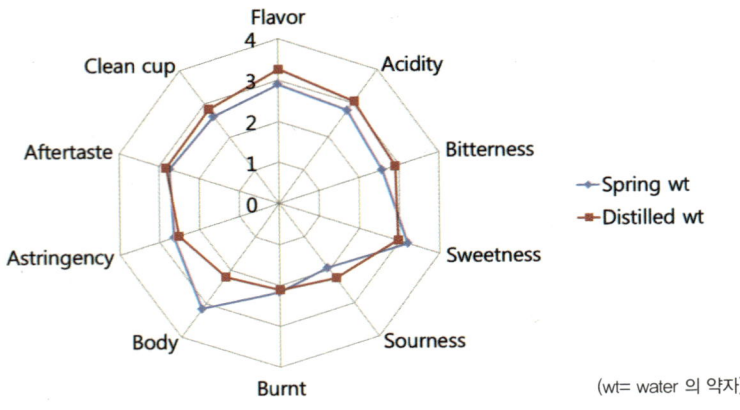

결론적으로, 맛의 차이는 분명히 존재한다는 것을 보여주었다.

향미(Flavor)

위 표에서 보는 바와 같이, 각기 다른 물을 사용한 경우 결국 커피 향미도 다르게 느껴졌다. 물 속에 용존된 미네랄 함량이 물의 맛에 영향을 끼치는 인자이며, 주로 칼슘·마그네슘·칼륨·나트륨 등으로 구성되어 있지만, 어떤 종류의 양이온과 음이온이 어느 정도의 농도치로 구성되느냐에 따라 맛의 질에 상당한 영향을 끼친다고 보고되었다. 일반적으로, 짠맛 성분은 무기 및 유기 알칼리염으로 음이온에 존재하고, 양이온은 약간의 쓴맛을 가지며 짠맛을 강하게하거나 부가적인 맛을 낸다.

※칼슘과 마그네슘은 물의 경도에 가장 큰 영향을 미친다.

마그네슘은 칼슘보다 쓴맛에 매우 큰 영향력을 끼치고, 물맛은 칼슘이 주종인 물이 좋고, 나트륨과 마그네슘이 많아질수록 맛의 강도가 증가하여 물맛이 나빠진다.

*칼슘이 많을수록 쓴맛이 감소되어 맛을 좋게 하는 요인으로 여겨진다고 한다.

신맛(Sour)

증류수로 추출한 커피가 가장 높은 점수를 기록하였다. 선행 연구처럼 증류수로 추출한 커피는 매우 강한 신맛을 낸다는 것을 알려주었고, 커피 추출에 있어서 향미를 발현시키기 위해서는 어느 정도의 미네랄이 반드시 필요하다는 것을 보여주었다. 혹자는 증류수야말로 미네랄이 전혀 없으므로, 커피가 가지고 있는 본연의 맛을 가장 잘 나타내 줄 수 있는 물이라고 하는데, 모르는 상태에서는 아주 그럴듯하게 들리며, 필자 역시 실험하기 전에 사실인 줄 알았다. 그러나 실험 결과, 맛의 차이가 매우 뚜렷하게 발생되었다.

바디(Body)

미네랄 함량에 따라 촉각적인 특성의 차이를 보여준 항목으로, 가장 많은 미네랄을 함유한 에비앙과 가장 적은 함량의 증류수가 서로 대조를 띄었다. 선행 연구처럼 수중의 미네랄 함량이 떫은 맛에 영향을 끼친다는 것을 확인하였다. 단맛이나 쓴맛에서 소소한 차이가 났으며, 커피 맛의 선호도까지 영향을 끼쳤다. 결국은 물은 음료의 질을 변화시킨다는 기존의 연구 결과와 유사하다는 것을 보여주었다.

❖ Casual Talk!

※워터 테이스팅 대회도 있다!
버클리 스프링스배 국제 워터 테이스팅 대회

WCE(World Coffee Event)만 존재하는 게 아니라, 국제 물 대회도 있다. 매년 개최되는 국제행사로 관심도가 점점 커지고 있다. 에스프레소 및 라떼아트 대회, 로스팅 대회 등 세부적으로 진행되는 것처럼, 물 대회 역시 종류별로 나누어 진행된다. 예를 들면, 상수도 부문, 생수, 탄산수, 정수 등 여러 분야로 걸쳐 각 부분의 수상자들이 있다.

각 분야의 심사위원들은 와인 테이스팅과 유사한 가이드라인에 따라 심사한다.

- appearance (외양: 클리어한 색을 띄는지 확인)
- aroma (향: 무향인지 확인)
- taste (맛: 클린한지 확인)
- mouthfeel (라이트한 느낌을 주는지 확인)
- aftertaste (마신 후에도 계속 갈증 나게 하는지 확인)

※Water Test Kit? 내 물은 내가 판단한다!

"내가 사용하는 물의 성분은 어떻게 구성되어 있나?"
"과연 안심하고 사용할 수 있을까?"
"내 물은 내가 제일 잘 알아야 한다"

〈사진 및 자료 제공: 정진 에버퓨어〉

수질의 전반적인 사항을 측정할 수 있도록 워터 테스트 킷이 출시되었다. 휴대용 pH, TDS 측정기도 내재된 상품이니 더욱 편리하게 사용될 것이다. 회사별로 자신의 제품을 발명하여 보다 직접적으로 수질 관리할 수 있도록 제공할 수 있다는 견에서 흥미로운 반향을 일으키고 있다. 물 속에 포함된 박테리아, 염소, 경도 및 기타 물질들을 체크하여 식수로써의 안전성과 음료의 재연성을 위하여 유용하게 사용될 것이다.

pH 측정기	T.D.S 측정기	알칼리도 측정용	염소 측정용
전원을 켜고 테스트 용 물에 4cm 담근 후, 화면의 숫자로 수치를 확인한다.	뚜껑을 열고 본체의 2/3 정도 물을 채운 후, 화면의 숫자로 수치를 확인한다.	테스트 용 물을 5 ml 정도 담은 후, 시약을 한 방울씩 떨어뜨린다. 흔들어 준 후, 주황색으로 변할 때까지 시약을 넣는다. ※알칼리티 계산= 한 방울당 1.0° KH / 17.8 ppm (예: 3방울 투여; 17.8 * 3 =53.4 ppm)	테스트 병에 테스트 용 물을 3/4 정도 채운 후 분말을 넣고 흔든다. 30 초 이내에 색이 변하면 염소 성분이 남아 있는 것이다.

❖ 시판되는 물의 미네랄 함량을 알아보자

주요 미네랄은 칼슘, 마그네슘, 칼륨, 나트륨이다. 사용 기기는 주로, 무기물 분석에 자주 쓰이는 유도결합 플라스마 질량 분석기(ICP-MS)이다.

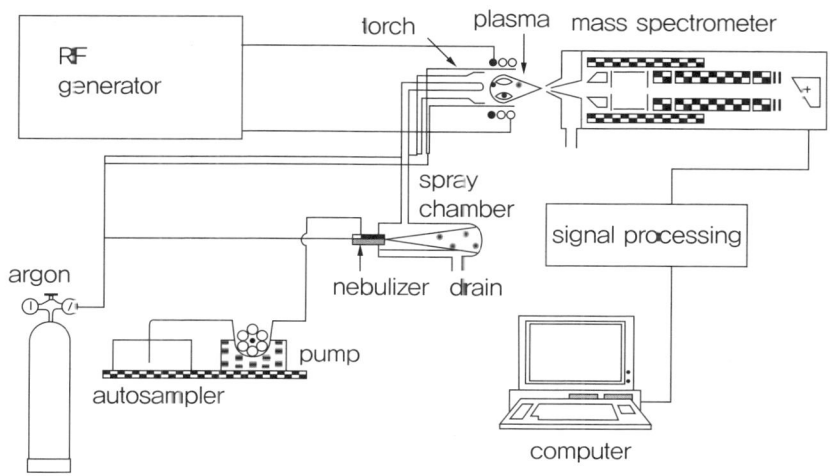

간단히 말해서, 원자의 고유한 질량의 차이를 이용하여 미량의 원소를 분석하는 장치이다. 액체 또는 기체의 형태로, 주로 아르곤 가스를 많이 사용하나, 시료를 유도 결합 플라즈마로 도입하여, 높은 열에너지에 의하여 시료는 이온화가 된 후, 특정 물질만 통과시키고, 통과된 원자는 검출기에 도달하여 질량을 분석할 수 있다.

즉, 시료 도입 ➡ 플라즈마 ➡ 이온 포커싱 ➡ 질량 분리 장치 ➡ 검출기의 과정을 거치는 것이다.

위의 분석 방법을 토대로 물의 미네랄 함량을 분석한 표이다. 삼다수와 에비앙은 필자가 분석한 결과이며 백산수 및 해양 심층수는 2014년 공정 거래 위원회가 조사한 결과로 제품 표기값이 아닌 실제 검사 결과표이다. 기타 다른 생수들에 관한 자료는 위 홈페이지에서 참조하길 바란다.

53

원소명	삼다수	에비앙	백산수	해양 심층수
칼슘	3.14 ± 0.92	85.49 ± 0.69	3.50	4.93
마그네슘	1.61 ± 0.88	1.19 ± 0.71	4.11	18.91
나트륨	5.46 ± 0.91	6.06 ± 0.97	9.08	8.28
칼륨	2.28 ± 0.67	2.28 ± 0.74	3.18	6.93

* 단위는 mg/L , www.smartconsumer.go.kr

커피 추출 과정에서의 양이온의 역할

모두가 아는 것처럼, 물은 다 똑같지 않다. 특히 집으로 전해오는 과정에 따라 지역적으로, 지리적으로 크게 다르다. 여기서 경수와 연수로 나뉘어지고, 그 중에 칼슘과 마그네슘이 주요한 역할을 하며, 이온들의 함량에 따라 물이 결정되고, 음용수 또는 음료 추출수로 사용되면서 맛이 달라진다. 이제는 물 관련 이슈가 많이 쏟아져 나오고 우리는 물 자체, 엄밀히 말하자면 물 분자 수준에서의 내용도 쉽게 접한다. 즉, 커피 추출과 커피 향미 관리 부분에서 미네랄 이온이 어느 정도의 영향력을 띄는지 큰 관심을 받고 있다.

최근 학문적으로 물에 관한 연구가 많이 진행되고 있다. 이전에는 물을 달리한 음료의 기본적인 맛 변화 또는 각 미네랄 이온의 특성에 관한 것이 진행되었다면, 요즘에는 그것을 포함한 각 이온이 음료 향미에 직접적으로 영향을 끼치는지 그리고 미네랄 이온들이 커피 로스팅 조건에 따라 상이하게 반응하는 것까지 진행된 것으로 알고 있다. 사실 여담이지만, 로스팅 조건과 미네랄 이온의 함량에 대해 크리스토퍼 핸든(Christopher Hendon, <Water for Coffee> 저자)에게 물어보니 아직 확실하게 개념이 정립된 부분은 아니라고 전했다.

커피인들의 과학적 탐구 열정도 높아져 고학도와의 협업으로 커피인이 궁금해 하는 주제들을 계속해서 연구하고 있는 것으로 보아, 아직 커피산업적으로는 미비하지만, 학문적으로는 서로 긍정적인 영향을 끼치는 듯하다. 본지에서는 그 중의 하나인 '커피 추출 과정에서 용존된 양이온의 역할'에 관한 연구가 물과도 관련 깊기에 잠시 살펴보겠다.

평소 집에서 내리는 커피 추출방식으로 다른 곳, 또는 다른 지역에서 추출한다면 어떻게 될까? 아마도 커피맛의 소소한 차이가 있을 것이다. 로스팅 날짜는 논외로 하되, 커피와 분쇄도 등 추출 조건에 관련된 요인은 모두 동일하게 준비하였다면, 커피를 추출하는데 있어 물의 역할 또는 능력에 대해 궁금증이 생길 것이다. "내 커피 속에 있는 경수·연수 또는 미네랄 등이 맛 좋은 커피로 추출할 수 있게 만들 수 있나?"라고 말이다.

이러한 의문점을 가지고 시작한 크리스토퍼 핸든은 다음과 같이 매우 뚜렷한 목적을 제시하였다. 커피 속에 있는 향미 성분들이 '이상적으로 추출'될 수 있도록 '이상적인 물의 구성 요소'를 밝히는 것이다. 결론적으로는 새로운 시도였으나, 아직은 완벽히 밝혀지지 않았다. 이미 우리가 알고 있는 사실처럼, SCAA·SCAE에서는 이상적인 T.D.S 함량이 300ppm이라는 가이드라인을 제시해 주었다. 개인적인 생각으로 이 범위는 약간은 모호하고, 용존되어 있는 어떤 이온들을 명칭하는지 알 수 없는 것 같다. 단지 전체적으로 봤을 때 T.D.S가 300ppm 이하면 향미가 발현될 수 있다고 한다. 크리스토퍼 핸든은 커피의 주요 성분을 추출할 수 있다는 용존된 양이온인 나트륨, 마그네슘 그리고 칼슘에 초점을 맞췄다.

일반적으로 모든 분자들은 물에 용해될 때, 주변에 달라붙으면서 많은 양의 에너지를 방출한다. 특히 물에서의 용해도가 낮을수록 더욱 많은 에너지가 필요하고, 물은 상대적으로 적은 양의 에너지를 만들어내는 상호 작용에 익숙하다. 예를 들면, 탄산칼슘은 칼슘과 탄산이 물 주변에 위치하므로 보다 많은 양의 에너지가 필요하고, 고체 상태에서는 잔존해 있는 기타 화합물에 비하여 물에 잘 녹지 않는다. 커피 안에는 많은 종류의 화합물이 있으며, 이들은 추출하는 동안 커피빈으로부터 녹아져 추출되어 나오는 것이다.

물론 물의 이화학적인 측면과 추출법을 논하는데 있어 모든 양이온과 음이온은 연관성이 있지만, 특정 화합물은 커피 최종 결과물에 중대한 영향을 끼친다. 바로 칼슘과 마그네슘이다. 이 분자들은 양전하 부분을 이용하여 구연산같은 유기 화합물이 있는 음전하 지역을 끌어당겨 추출 시 커피 향미를 뽑아내도록 한다. 또 하나의 중요한 이온은 탄산칼슘이다. 음전하 이온인 탄산칼슘은 커피가 추출될 때 산을 중화시키는 역할을 하여 화학적인 영향을 끼친다. 커피의 산 분자들은 탄산염과 강력하게 작용하여 산성의 성격을 없애버리는데, 예를 들면 퀴닉산은 원치 않는 맛을 내기도 하고 구연산은 기분 좋은 맛을 내는데 일조한다.

원두 커피 에 내재되어 있는 7가지 성분들: 왼쪽 상단부터 순차적으로 젖산, 사과산, 구연산, 퀴닉산, 클로로제닉 산, 알칼로이드, 카페인, 플레이버 노트인 유게놀
〈출처: Hendon C, The role of Dissolved Cations in Coffee Extraction, Jourral of Agricultural and Food Chemistry,2014〉

위의 그림은 원두커피 속에 내재된 7가지 성분을 보여준다. 모두 중요한 요소로 알려졌고 또한 풍부하게 들어 있다. 젖산과 사과산은 일반적으로 신닷

(sour)을 내며, 구연산은 단맛을, 퀴닉과 클로로제닉산은 자극적이고 톡 쏘는 (pungent)듯한 맛을, 유게놀은 향을 담당하여 나무 향미(woody flavor)를 만든다. 연구 내용을 자세하고 면밀하게 살펴보기 힘들지만, 개괄적으로 봤을 때 저자의 의도는 다음과 같다.

물을 포함한 모든 화합물과 이온 사이에서 발생하는 열역학의 상대적인 결합 에너지를 간단히 정리하자면, 마그네슘·칼슘 및 나트륨 이온과 7가지의 향미 성분들 사이에 생기는 결합 에너지는 결국 추출된 향미에 영향을 준다는 것이다. 이온이 서로 결합함으로써 향미 성분의 추출력을 증가시키는 것이다.

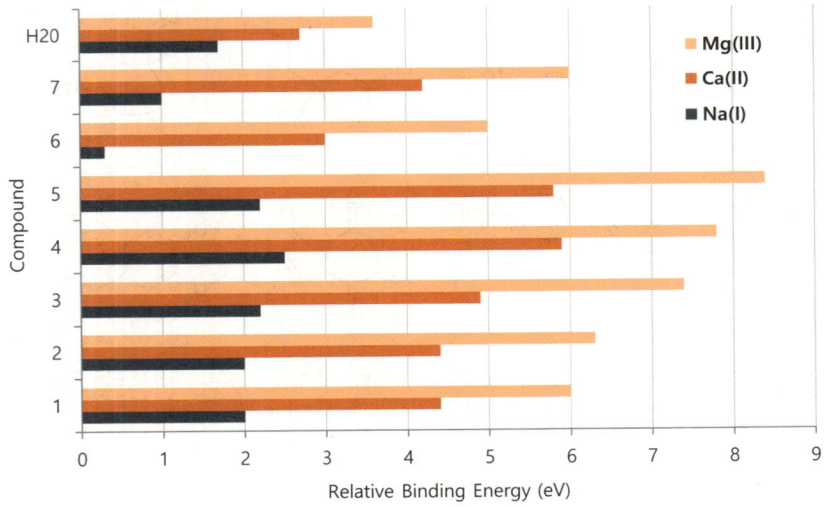

〈출처:Hendon C, The role of Dissolved Cations in Coffee Extraction, Journal of Agricultural and Food Chemistry,2014〉

마그네슘은 모든 화합물 중 가장 높은 결합 에너지*를 가진다. 다음으로 칼슘과 나트륨이 상대적으로 적은 양의 결합 에너지를 가진다. 각 이온들의 영향력 정도는 다를 수 있지만, 전체적인 밸런스는 거의 비슷하다고 할 수 있다. 소량의 마그네슘은 퀴닉산과 클로로제닉산이 크게 증가되는 동안에, 커피 향미의 이상적인 성분과 더욱 결합한다. 위 연구 결과에서 칼슘은 마그네슘과 비슷함을 보이지만, 그 영향력은 다소 적은 편으로 나타났다.

※결합 에너지란(Binding Energy)? 입자계 속의 한 입자를 그 계로부터 분리 하는데 필요한 최소한의 에너지로 즉, 하나의 입자계를 그 구성 입자로 분해하는데 필요한 순에너지

다른 종류의 기본 화학 물질들이 클로로제닉산과 강하게 상호작용하여 그 중 몇 가지를 중화시켜 물 속에 존재하는 탄산염과 중탄산염은 클로로제닉산의 추출을 상쇄시키기는 역할도 한다.

연구 결과에 의하면, 커피에서의 7가지의 성분(젖산, 사과산, 구연산, 퀴닉산, 클로로제닉산, 카페인과 유게놀)을 먼저 추출하고 싶다면 마그네슘이 풍부한 물이 가장 최적이고, 다음으로는 칼슘이 많은 물이다. 혹은, 마그네슘과 칼슘을 섞은 물에 적정량의 중탄산염을 넣는다면, 아주 좋은 결과를 낸다고 한다.

개인적인 생각이지만, 이론적인 결과론과 화학성분을 제시해준 이전 연구에 비해 본 연구는 우리가 실제로 궁금한 것을 해소해주기 위해 시도했다는 점이 인상적이었고 흥미로웠다. 최고의 추출을 위한 정확한 미네랄 구성 요

소나 비율에 관해서는 아직 밝혀내지는 않았지만 말이다.(물론, 마그네슘과 칼슘의 농도가 높다면 커피의 성분을 더욱 더 추출할 수 있다고는 말했지만) 결국은, 용존된 양이온과 중탄산염 함량의 밸런스가 얼마나 잘 맞춰졌는지에 따라 커피 향미가 전적으로 달라질 수 있다고 전했다. 따라서 특정 함량을 수치적으로 제시하는 것이 아니라 양이온과 유기 화합물 분자간의 상호작용을 촉진시키고 탄산칼슘과 화학적 역할을 통하여 만들어진 산미와 불쾌한 향미의 밸런스를 조절해 나가는 물이야말로 현재 우리가 할 수 있는 가장 과학적이고 이상적인 물로 접근하는 것이 어떨까? 종래의 결과에서 더욱 진보한 객관적이고 분석적인 연구 모델이 보고되는 현재, 실생활에서 효과적으로 사용할 수 있는 허용 가능한 기준치는 마지막 장에서 제안하겠다.

❖ Casual Talk!
염화 마그네슘 농도가 추출된 커피의 T.D.S에 미치는 영향

개인이 자체적으로 진행한 연구로써, 핸든의 연구와 비슷한 결과가 나와 참조하고자 한다.
"마그네슘 이온이 향미 성분의 추출을 향상시킨다."
하단의 그림은 염화 마그네슘의 농도가 추출된 커피의 T.D.S에 끼치는 영향에 관한 것이다.

- 추출 방법: 클레버 드리퍼,
  염화 마그네슘 수용액

TDS 체크: 굴절계 사용(refractometer)

추출 온도: 96℃

추출 시간: 25 초

(동일한 커피와 분쇄도, 마그네슘 농도는 독립 변수, 5회 반복 실험)

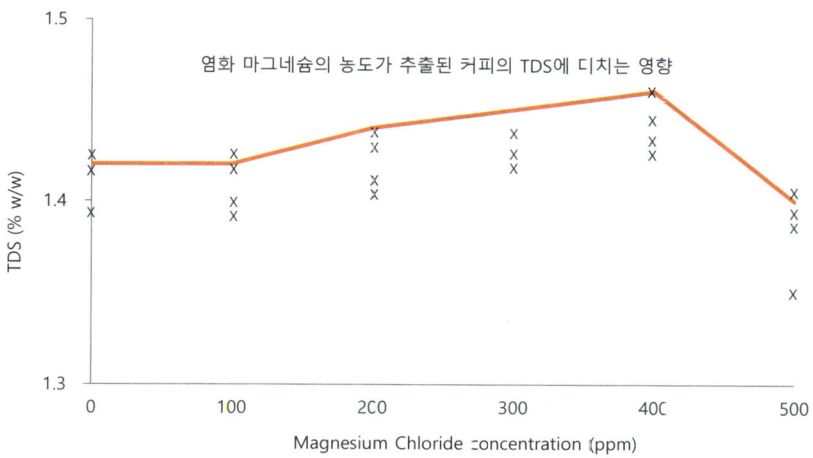

☞ 추출된 커피의 T.D.S 는 염화 마그네슘 농도가 진해질수록, 400 ppm에 도달할 때까지 증가한다. (흥미로운 점은 마그네슘이 최고치에 이르렀을 때 오히려 T.D.S는 하락했다는 점이다)

☞ 적은 양의 마그네슘은 서로 결합함으로써 커피 고형물의 용해도를 증가시키지만, 충분한 양의 마그네슘은 분자 집합체를 안정시키기 위해 경쟁하게 된다.

- 추출 방법: 클레버 드리퍼,
  염화 마그네슘 수용액, 염화 칼슘 수용액, 중탄산나트륨 수용액
  TDS 체크: 굴절계 사용(refractometer)
  추출 온도: 96℃
  추출 시간: 25초(동일한 커피와 분쇄도, 농도 차이가 변수)

염화마그네슘 수용액 + 추출된 커피맛	염화칼슘 수용액 + 추출된 커피맛	중탄산나트륨 수용액 + 추출된 커피맛
• 100~200 ppm: 역삼투압으로 추출된 커피보다 단맛, 산미, 바디감 증가 • 300, 400, 500 ppm: grassy, chalky	• 100ppm: 단맛과 크리미한 뉘앙스가 일반 물보다 진함 • 200ppm: 불쾌하고 산미가 오히려 떨어짐	• 100ppm: 클린하고 밸런스 좋음 • 100ppm 이상일 경우 flat, dry, earthy, sweetness 감소

전반적으로 흥미로운 실험이었다. 실험 결과, 일반 물과 미네랄 수용액을 첨가했을 때에는 오히려 맛의 상승 또는 반감됨을 보였으며, 우리가 기존에 상상했던 맛과는 사뭇 다른 양상을 보였다. 각 이온을 넣었을 때, 적당한 농도였을 때에 커피 향미가 가장 많이 느껴졌으며 적정 농도는 이온마다 상이했다. 개인적으로 드립커피에서는 염화 칼슘 또는 염화 마그네슘의 농도가 약 100ppm 일 때, 특히 염화 마그네슘이 100ppm 정도일 때에 산미나 단맛, 바디감이 두드러지고, 여기에 염화 칼슘을 추가했을 때, 부드러운 단맛과 크리미한 질감이 느껴졌다.

추출에 영향을 미치는 이온

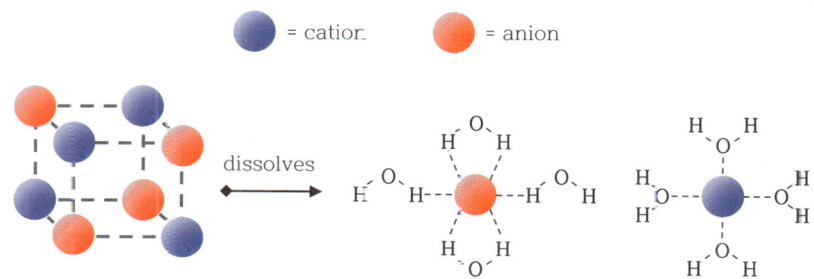

커피는 다양하게 연결되어 각 영역마다 복잡하게 얽혀 있고, 고유의 역할을 하며 우리에게 그 특유의 향미를 주곤 한다. 특정 바리스타와 추출법은 논외로 하되 우리는 추출수인 물, 아니 더 엄밀히 말하자면, 물 속에 녹아져 나온 이온에 포커스를 맞추어 마무리 하겠다. 이온은 우리가 생각하는 것이나 분자 수준 이상으로 강력하고 활발하게 움직이며 그 역할에 충실하게 작용하고 있다. 그리고 확실하게 알 수 있는 것은 용존된 미네랄은 커피 추출 및 향미 부문에서 주요한 역할을 담당하고 있다는 것이다.

주요 양이온과 음이온은 다음과 같다.

양이온

- 함산소 화합물의 추출 선택성을 향상시켜 향미를 뽑아낸다.
- 종류: Na^+, K^+, Ca^{2+}, Mg^{2+}, Fe^{3+}.

음이온

- 중탄산염이 주된 역할을 하며, 산을 완충시켜 알칼리도를 증진하고 염화물은 철의 부식을 촉진시킨다.
- 종류: HCO_3^-, Cl^-, OH^-, SO_4^{2-}

대표적인 이온

- 물속에서 주요 역할을 담당하는 이온이다.
- Na^+, Ca^{2+}, Mg^{2+}, HCO_3^-.

마그네슘과 칼슘

- 음전하 영역에 달라붙는 경향 있음.
- 물과 유기 분자들과 결합하여 전하밀도와 크기 증가
- 물분쇄된 커피에서의 향미를 뽑아내는 상호 작용

탄산칼슘

- 과도하고 불쾌한 산성을 마스킹할 수 있음
- 산성이 강한 물을 중화시키기 위해 더욱 필요한 존재
- 탄산칼슘 농도 ↓ : 산의 감지 ↑

이처럼 이온은 커피 추출에 있어 매우 본질적인 영향력을 발휘하며 중요한 인자로 꼽힌다. 하지만 여기에는 법칙이 존재한다. 마치 양날의 검처럼, 한 가지의 플러스 작용을 하면 동량의 마이너스 작용이 뒤따른다는 것이다. 즉, 모든 것을 백 퍼센트 만족시킬 수 없다. 추출을 효율적으로 도와줄 수는 있지만 장기적으로 그 조건을 관리 및 지속시키기에는 어려움이 따르고, 효과적인 추출법을 적용시킨다면, 그에 대한 결과물의 맛은 재연성이 가능하도록 보장하지는 못한다.

다시 말하자면, 지속적인 관리를 위해서는, 앞서 추천한 것처럼, 물을 정수하는 방법으로 TDS 측정기 및 이온 교환수지, 역삼투압 등의 방법으로 미네랄을 조정하는 것은 가능한 일이다. 하지만 커피를 일정하게 추출하고 향미

보존을 위해서는 어떻게 해야 하는 것일까? 두 가지 옵션이 있다.

추출에 좋은 쪽을 선택할 것인가?
VS
결과물의 맛을 위해 선택할 것인가?

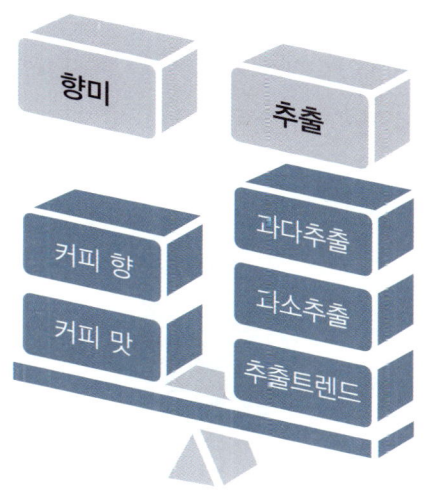

안타깝게도 두 가지를 만족시킬 정답은 찾기 힘들다. 다만 커피 향미는 두 가지의 화학 반응을 통해서 만들어진다는 것을 염두하자. 추출은 용존된 양이온의 농도에 따라 조절되는 것이고, 향미는 결국 음이온의 완충 정도에 다라 결정된다. 단지 가이드만이 있을 뿐. 본인을 믿고 추구하는 방향으로 선택하는 것뿐이다.

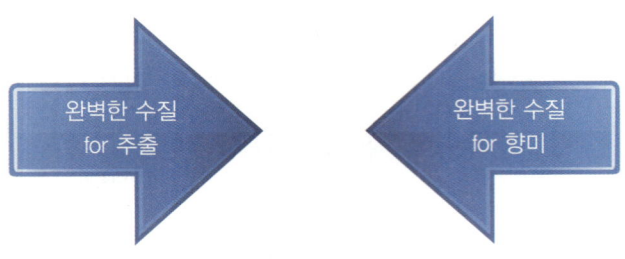

커피 추출과 향미 관리. 두 가지를 다 잡을 수도 없고, 완벽하게 컨트롤 하기도 어려운 문제이다. 거시적으로 산미가 크게 거슬리지 않을 정도로 그 캐릭터를 살리면서 맹맹해(flat)지는 것 없이 밸런스가 좋은 한 잔의 커피를 완성하기 위해서 어떤 것에 주안점을 두어 집중하고 판단하는 것에 달려있다고 본다.

양이온의 농도를 높게, 상대적으로 탄산칼슘은 낮게 조정해 나가면서, 원하는 커피에 추구하는 물을 정비해 가는 수 밖에. 물론 머신을 손상시키지 않으면서 말이다. 탄산칼슘은 머신 관리의 핵심적인 요인이다. 약간의 탄산칼슘은 맛의 밸런스에 있어서 탁월한 선택이겠지만, 그 이상일 경우에는 산과 결합하고 주변의 칼슘과 함께 스케일을 형성하기 때문이다. 항상 어딘가에 (+)요인이 존재하면, 그것과 상응하게 동량으로 (-)가 그 이면에 있는 것처럼, 원수의 조건을 판별하고, 정확한 정수 필터부터 미네랄 농도를 참조하여 커피맛을 재연성 있게 일정하게 유지시켜 줄 수 있도록 하는 것이 가장 큰 그림이다.

❖ **인간이 물을 제조하다: 이온 결합수**

마카오 워터 제품   가카오 더치

〈자료 제공: 마카오US〉

물의 지리적, 원수적 특성을 거부한 채, 인간은 필요한 물의 성질을 이용하여 특수한 물을 조 접 제조하였다. 바로 칼슘 이온 결합수인데, 이는 칼슘 이온의 특성을 잘 활용하여, 물의 pH 농도에 영향을 주어 결국 용해도를 증가시키는 원리를 이용해서 만든 물이다. 시중에는 물 자체를 음용하는 것보다 콜드브루(더치커피)를 제조하는 추출수로써 기존의 물과 차별성을 띄면서 신선한 반향을 일으키고 있다. 사실 그 이면에는 자세한 매커니즘이 있겠지만, 특허 신청 중이라 더 이상의 자세한 내용은 베일에 싸여 있고, 조사한 바에 의하면, 물의 주된 특성은 다음과 같다.

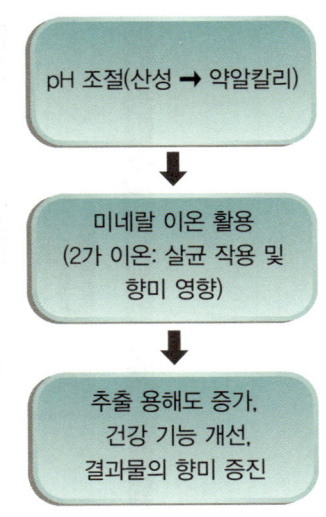

이러한 특성을 살려 칼슘 이온수는 콜드브루를 제조하는데 있어 많은 장점을 가지고 있다.

▶ 추출 용해도를 증가시킴으로써 단 시간 내 결과물을 만들 수 있다.

최근 2~3년 전부터 콜드브루가 더욱 대중화되었고 많은 사랑을 받고 있다. 물론 그 이전부터 더치 커피가 꾸준히 애용되었으나 항상 이면에는 추출 환경에서 발생될 수 있는 세균 및 곰팡이 문제가 뒤따르면서 고질적으로 문제화되었다.

나오키에 의하면(2006), 미생물의 생육 조건에는 영양소, 수분, 온도, pH 그리고 산소가 필요하다고 전했다. 위의 여러 조건 중 알칼리 이온수는 pH에 초점을 두어 미생물의 생육을 제어하고자 하였다. 미생물의 증식과 pH와의 관계를 보면 증식할 수 있는 pH 범위는 비교적 넓다고 할 수 있다. 장내세균 및 토양균을 포함한 대부분의 세균의 최적 pH는 6~7, 해양 세균은 7~8, 병원 세균은 7.5 정도이지만, 곰팡이나 효모는 대부분 산성(pH 4.0~6.0)에서 잘 증식한다. 일반적으로 식품에서 pH는 약산성에서는 중성이며, 이는 세균이 가장 잘 생육하는 조건이다. 대부분의 부패균은 pH가 5.5 이하에서 생육이 억제되고, 4.5 이하에서는 거의 생육하지 않는다. pH가 3.5 이하에서는 곰팡이, 효모, 초산균 등 특수한 세균만이 생육한다고 알려져 왔다. 따라서 알칼리 이온수는 pH를 10 이상으로 조정하여 살균작용이 가능하게 만들어 더치커피 추출 환경의 고질적인 문제를 근본적으로 해결하고자 노력하였다. 즉, 저장 기간 및 미생물 번식을 방지하고 장기간 보관이 가능하도록 만들었다.

▶ 미네랄 이온을 결합시켜 만든 물로써, 커피 향미를 더욱 풍부하게 만들어 준다.

물과 커피에 관한 선행 연구는 증류수에 특정 이온 컴비네이션의 농도를 달리한 미네랄 솔루션을 제조하여 추출된 커피를 관능 평가 및 맛의 품질 순위 점수화로 진행되었다(Bruvold&Graffey, 1969). 그 결과 물 속에 함유된 미네랄은 다양하게 구성되었을 때, 비록 음이온과 양이온이 동량으로 함유될지라도 평균적으로 맛 품질 순위(mean taste quality rating)에 유의적인 차이를 발생시키는 것으로 보고되었다. Sodium carbonate>Chloride>Sulfate 순으로 물맛에 매우 부정적인 영향을 끼치는 음이온이 존재하는 반면에 칼슘처럼 물맛에 긍정적인 영향을 끼치는 이온도 있다. 하단의 그림처럼 각 이온끼리는 서로 맛을 상승시키거나 저하시킬 수 있으며, 맛에 영향을 끼칠 때, 물 속의 이온들끼리는 서로 시너지를 일으키거나 마스킹되는 효과(masking effect)는 없다고 보고된 바 있다. 그래서 위 알칼리 이온수를 사용한다면, 기존의 일반 물에 비해 다량의 미네랄을 함유하여 향미를 보다 부드럽고 풍부하게 발현시킬 수 있다.

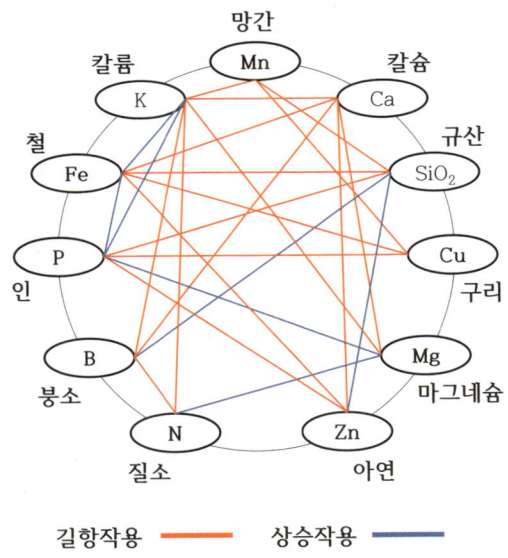

▶ 미네랄 이온을 통하여 체내 미네랄 섭취를 증가시킴으로써 건강에 유익하다. 산성인 커피를 알칼리화하여 목넘김이 부드럽고 위장의 부담을 덜어줄 수 있다.

Part.02

물이란?
물부터 알아야 한다

―――

물은 잔잔하게 흐르는 것처럼 보이지만, 실제적으로는 매우 역동적으로 움직이는 분자로써 역할을 수행한다. 물의 주요 특성은 실생활에서도 느낄 수 있으며, 둘을 이해하는 데 있어 중요한 과정이라 할 수 있다.

지금까지 물이 커피 맛에 영향을 끼치는 과정에 관해 알아보았다. 이제부터는 물의 성질과 이화학적인 특성에 초점을 맞춰 심층적으로 알아 보고자 한다.

물은 모든 생물체에 필수 불가결한 요소이다

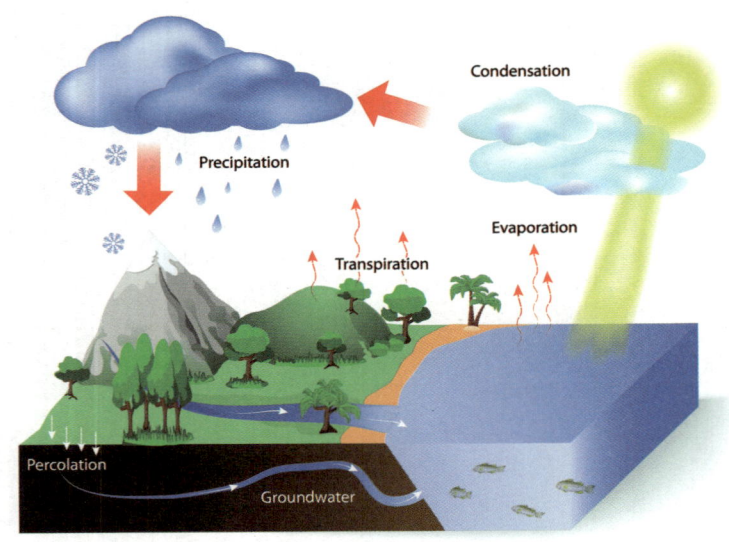

유일하게 지구에만 물이 존재한다. 다양한 생물체로 가득한 지구가 아름다운 푸른색을 띄는 것도 이 물 때문이다. 지구상의 물은 약 14억 톤에 이르지만, 인간이 마실 수 있는 민물은 5%에 불과하고, 그 중의 80%는 극지방의 빙하에 녹아 있으며 심지어는 민물을 찾아볼 수 없는 지역도 많다. 물 부족 국가가 점점 늘어나고, 인구 증가와 산업 발달로 물의 오염 역시 증가하고 있는 실상에, 이제는 자연계의 물이 아주 귀하게 여겨질 날도 멀지 않았다.

물은 인체와 모든 생물체에게 필수 불가결한 요소이다. 비록 필자는 커피 시장에 몸담고 있지만, 커피보다 물은 어쩌면 우리에게 가장 친숙한 반려자일 것이다. 인체를 구성하는 물질의 약 67%가 물이고, 사람은 하루에 약 2리터 이상의 물을 섭취해야만 한다. 과일과 채소의 95%가 물이고, 생고기의 75%가 물이다. 물론, 우리에게 필요한 에너지를 공급해 주는 필수 영양소는 아니지만, 몸 속에서 영양소와 노폐물을 운반해 주고, 생명을 유지하는 데 필요한 화학 반응이 일어날 수 있도록, 화학적 환경을 제공해 준다. 또한 커피를 추출하기 위해서 물은 커피 다음으로 중요한 필수적 요소로 추출된 커피의 약 98%를 차지한다. 추출된 커피는 1~2%의 향미 성분과 약 98%의 물로 구성되어 있다. 정량적인 관점에서 보자면 커피보다 물의 중요성이 점점 커질 것으로 예상된다.

```
*커피 = 약 98~99 %  +   1 %    +   0.1 %
            물         성분         향
          (미네랄) (카페인,유기산) (피라진류 등)
```

물은 과연 어떤 물질인가?

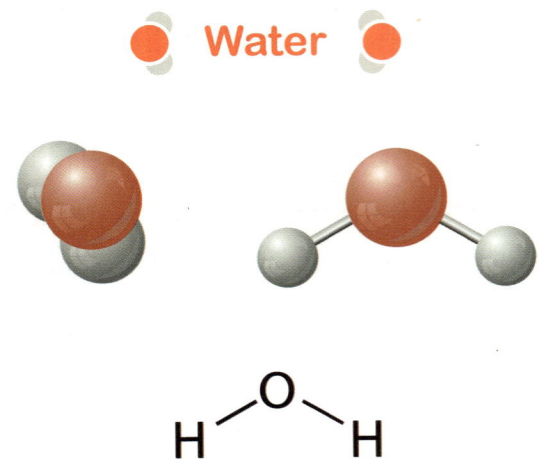

　무색, 무미, 무취의 물은 한 개의 산소원자에 두 개의 수소 원자가 공유결합으로 연결된 H_2O 라는 삼원자 분자 이다. 이를 처음으로 알아낸 사람은 영국의 프리스틀리였다. 약 1781년에 프리스틀리는 수소와 산소가 혼합된 통 속에서 전기 스파크를 일으키면 물이 만들어진다는 사실을 발견했고, 1784년에는 영국의 카벤디쉬가 정교한 실험을 통해서 산소와 수소가 1: 2의 부피비로 혼합되어서 물이 만들어 진다는 것을 알아냈다. 따라서, 열역학적으로 산소와 수소를 1:2의 비로 섞어준다면 모두가 액체의 물로 변환되어야 하지만, 물이 만들어 지는 반응 속도가 느리기 때문에 전기 스파크가 일어나거나, 백금과 같은 금속 촉매를 넣어줘야 한다. 물 분자는 기본적으로 가장 작고 단순하다. 수소 원자 2개와 산소 원자 1개로 이루어진 단순한 구조이지만, 거시적으로 봤을 때 우리 자신을 포함한 모든 생명체들은 결국 수용액 속에서 존재하는 것으로 보아 본질적인 의미를 띈다고 할 수 있다.

❖ Casual Talk!

> 이런 역사적 지식이 다소 난해하다면, 영화 〈마션〉을 참조하면 도움이 될 것이다. 홀로 화성에 남은 맷 데이먼이 감자를 키우기 위해 물을 만들어 내는 장면이 인상적이다. 수소와 산소를 이용해서 만드는데 그 과정중 필요한 '불'을 이용해서 만든다. 전기로 자극해 불을 피우고 산소와 수소를 가열하는 것이다. 물론 여러 차례 우여곡절을 겪은 후 로켓 연료로부터 액체 상태의 물을 만들어 냈다.

물은 액체, 고체, 기체일 때 분자의 존재 상태가 달라진다. 즉, 기체 상태인 수증기 속에서 독립된 분자로, 고체인 얼음 결정 속에는 수소 결합에 의하여 육각 결정 구조를 가지고 액체인 물에서도 공유 결합과 수소 결합의 특성을 가진 분자 성질을 지니고 있다.

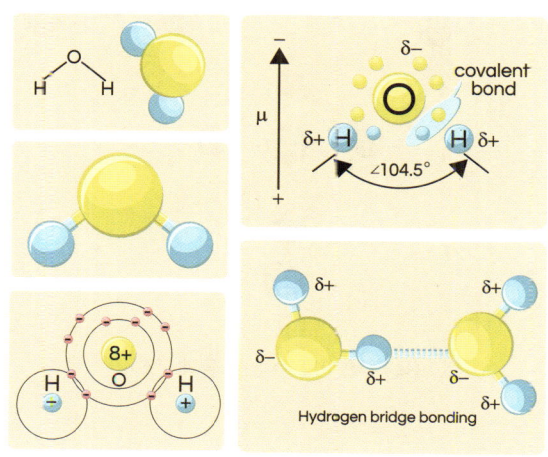

이처럼 물의 성질은 원자들의 배치와 결합의 성질에 의해서 결정된다. 산소 원자가 두 수소 원자로부터 각각 95.85 pm(=95.85×10-12m)에 떨어져있고 수소-산소-수소가 이루는 각도는 104.45°이다. 산소원자에 두 개의 수소 원자가 104.5°의 각도로 공유 결합을 한 구조이다. 산소(O^-)는 주위의 전자를 끌어당기는 경향을 나타내는 전기 음성도가 가장 큰 원소이고, 수소(H^+)는 전기 음성도가 매우 작은 원소다. 그래서 이들의 공유 결합은 전자의 분포가 산소 쪽으로 치우치는 극성 공유 결합이 된다. 그런 전자 분포의 치우침으로 물 분자에서 산소는 약간의 음전하를 갖게 되고, 수소는 약간의 양전하를 가진 전기 쌍극자가 된다. 만약, 물 분자가 직선의 구조를 갖는다면, 두 개의 산소-수소 공유 결합의 극성이 서로 상쇄되어 무극성 분자가 될 것이다.

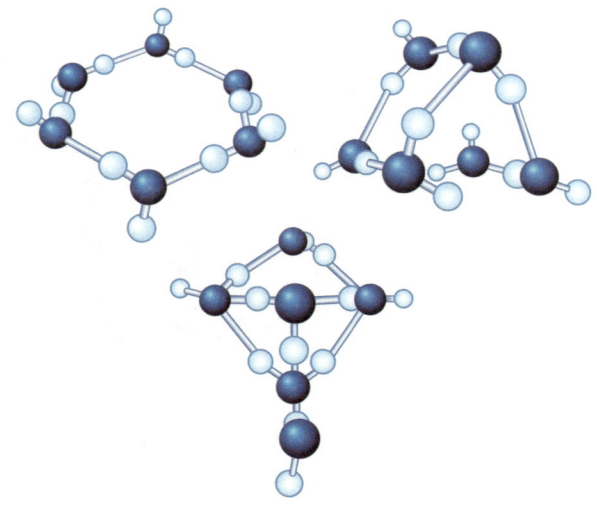

〈육각수를 이룰 수 있는 물의 구조〉

그러므로 각각의 물 분자는 전기적으로 비대칭을 이루어 한쪽 끝은 양극,

다른 쪽 끝은 음극으로 되어 이것을 우리는 '극성'을 띤다고 한다. 이것은 산소 원자가 수소 원자보다 더 강하게 전자를 끌어당기고, 수소 원자들이 산소의 한 면에서 V 모양으로 돌출되어 있기 때문이다. 물 분자는 산소 말단과 수소 말단을 가지며, 산소 말단은 수소 말단에 비해 음전하가 강하다. 또한 극성을 띤다는 것은 음전하를 띤 산소가 다른 물 분자의 양전하를 띤 수소에 전기적인 끌림이 있다는 것을 의미한다. 서로 이웃한 2개의 분자가 결합하는 것을 '수소 결합'이라고 한다. 액상에서 분자의 운동이 수소 결합의 세기로 인하여 매우 강력하고 끊임없이 형성되며 파괴된다. 이런 태생적 경향으로 인하여 물은 우리 주변의 생명체에서 여러 가지 결과를 만들어 내는지 모른다

육각수의 이론: 물에는 이상적인 각도가 존재한다?

일반적으로 104.5° 이지만, 전기분해, 원적외선, 자석, 토션파 등에 의해 이 각도는 조금씩 변할 수 있고, 각도 변화에 따라 물의 구조가 달라진다. 보통의 물은 리니어 형태 또는 5각수, 6각수가 혼합된 상태로 존재한다.

※저온일수록, 6각수의 비율이 높아져 10℃에서 22%, 0℃에서 26%와 영하 26℃에서는 거의 100%가 6각수 형태로 존재한다. 물이 5각수, 6각수의 혼합 상태로 존재한다고 할 때, 5각수는 분자량이 90.6, 6각수는 108로 큰 분자량을 지닌 형태로 활동하는 것이다.

➡ 한때 육각수가 건강에 좋은 우수한 물로 열풍이 불었지만, 분자량, 활동상태가 다를 뿐, 이 물만이 몸에 좋다고는 볼 수 없다.

Q: 얼음은 전체적으로 수소 결합으로 연결된 반면에, 물은 수소 결합이 어느 정도 끊어진 상태에서 활동한다. 물이 전체적으로 연결되어 있지 않고 6각수 이론에서처럼 5각수, 6각수의 중합체로 이루어져 있는 이유는?

A: 결국 열역학 2법칙인 엔트로피(무질서도)로 자연계에서 일어나는 모든 사건은 정렬되는 것보다 무질서한 상태로 나가려는 방향 때문이다. 즉, 수소 결합에 의해 정렬되는 것과 물 분자가 서로 퍼져 나가는 것이 엔트로피 법칙에 의해 서로 충돌한다. 따라서, 두 법칙이 서로 평형을 이룬다는 하에, 물의 5각형 구조와 6각형 구조를 이루는 정도에서 평형이 된다.

❖ 이것만은 알아 두자!

물 분자: 수소 결합

물 분자들 사이의 수소 결합은 그 세기가 40 kJ mol^{-1} 정도로 공유 결합 세기의 절반정도에 해당된다. 강한 수소 결합은 물이나 얼음처럼 응축상에 존재하는 이화학적 특성에 영향을 미친다. DNA는 물론이고, 생물체에서 일어나는 화학 반응을 정교하게 조절하는 역할을 하는 단백질의 구조에도 중요한 역할을 한다. 이들의 나선형 구조가 모두 분자 내부에서 만들어지는 수소 결합에 의해서 생겨난 것이다.

물 분자: 공유 결합

두 원자가 전자를 공유하면서 (−) 전하를 띠는 전자와 (+) 전자를 띠는 두 핵간의 인력이 생겨남으로써 강하게 결합된다. 예를 들어, 수소는 전자를 총 2개 가지고 싶어 하고, 산소는 전자를 바깥쪽에 8개를 가지고 싶어한다. 이 둘이 결합을 할 때는 서로의 전자를 공유하여 각각의 필요를 충족시키는 것이다.

물의 2가지 구조론

1. 물은 얼음과 비슷한 결정 구조를 지녀, 얼음 결정의 빈틈을 물 분자가 메꾸기 때문에 물의 밀도는 오히려 증가함. 액체인 물의 경우 빈틈으로 물 분자가 들어가서 활발한 운동을 하여 유동성이 있는 물의 특성을 보여준다는 이론
2. 물이 단독으로 존재하지 않고 물 분자 간의 서로 간의 적당한 크기의 중합체를 이루어 행동을 하고 있다는 이론

※ 최근에 물 분자가 단일적으로 행동하지 않고 중합체로 행동하고 있다는 견해가 두드러짐

물은 끈적끈적하다:
물은 자신에게 강하게 달라붙는다

물은 자신 뿐 아니라 약간의 극성을 띤 다른 물질과 수소 결합을 형성한다. 다른 음식 분자 중 탄수화물과 단백질에는 극성을 띤 구역이 존재하며 물 분자는 이러한 구역 쪽으로 끌어당겨 그 주변에 달라 붙곤 한다. 분자들 사이에 강한 인력이 작용하는 액체의 물은 '표면 장력'(액체의 표면이 가능한 작은 면적을 차지하기 위하여 스스로 수축하려고 작용하는 힘: surface tension)이 굉장히 크기 때문에 물방울은 공 모양이 되는 경향이 있다. 이는 액체 표면에 있는 분자가 안쪽에서 당겨지는 힘밖에 없기 때문에 표면이 수축되고 작은 면적을 차지하기 때문이다. 물의 표면 장력이 큰 이유는 수소 결합 때문이다. 따라서 표면적이 늘어나면 에너지가 증가하기 때문에 물방울은 표면적이 가장 적은 구형을 유지하게 되는 것이다. 비누나 합성 세제와 같은 계면 활성제를 넣어주면 물의 표면 장력이 크게 줄어들어 비누 방울이 만들어진다. 계면 활성제는 물에 잘 녹지 않는 유기물 성분의 오염 물질을 녹여주는 역할을 한다.

표면 장력(σ)

물	사염화탄소 CCl_4	벤젠 C_6H_6	부탄올 C_4H_9OH	아세트산 CH_3COOH	에탄올 C_2H_5OH
71.99	26.43	28.22	24.93	27.10	21.97

또한, 물의 표면 장력은 온도에 따라 변한다. 예를 들면 수도 꼭지를 틀면 물이 꼬리를 끊으며 가장 작은 구형으로 되어 떨어지는 것과 소금쟁이가 물 위를

가볍게 걷는 것도 표면 장력 때문이다.

공기와 접한 물의 온도에 따른 표면 장력의 변화

온도 ℃	0	5	10	15	20	25	30
표면장력 (σ) dyne/cm	75.6	74.9	74.2	73.5	72.8	72.0	71.2

앞에서 언급한 바와 같이, 물 분자는 강한 극성을 나타내기 때문에, 극성 공유 결합으로 부분적으로 음전하를 가진 산소를 많이 가지고 있는 유리와 잘 달라붙는 특성이 있다. 그래서 물을 가는 유리관에 넣으면 물의 경계면이 아래로 오목한 모양을 갖게 된다. 물과 유리의 친화력으로 액체의 물이 가는 모세관을 따라 올라가는 '모세관 현상'(capillary phenomenon)이 일어난다. 그러나 액체 상태의 수은은 극성이 없어 유리 표면에 달라붙지 않기 때문에 그 경계면이 위로 볼록한 모양을 띠며, 그 물은 점성도 아주 크다.

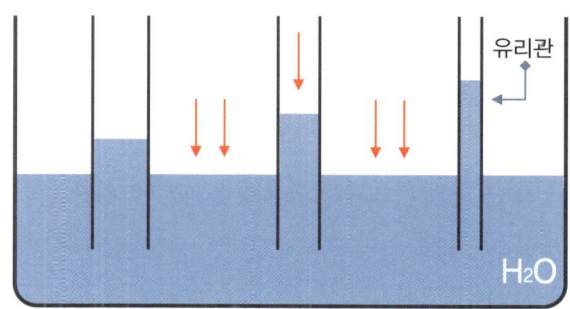

➡ 관이 가늘면 가늘수록 물은 더 높은 곳까지 올라가게 된다.
　(예 식물의 뿌리부터 잎까지 물관을 타고 물이 올라가는 것)

물의 고세관 상승 높이는 관의 재료관의 직경 등에 의하여 결정된다. 관의 직경이 두 배가 되면 끌어올리는 힘도 두 배가 된다. 그러나 물의 무게는 직경의 제곱에 비례하므로, 결국 모세관 상승 높이는 관의 지름에 반비례 한다.

> **모세관의 상승 높이 h**
>
> $h = 4\sigma \cos B / \gamma d$
>
> σ : 표면 장력
>
> β : 접촉각
>
> γ : 단위체적당비중량(kg/l) 물의 경우 1
>
> d : 모세관 직경 (m)γ

위와 같은 현상으로 식물이 영양분을 흡수하고, 체내 혈액이 순환되고, 나아가서는 물 분자의 성질과도 관련 깊다. 물은 모든 방향으로부터 서로 결합하고 유리, 점토나 흙 등 모든 방향과 서로 결합할 수 있다. 사실 산소를 포함하고 있는 대부분의 고체는 물 속의 수소와 결합하고, 특히, 유리관 가장 자리에 있는 물의 분자는 바로 위에 있는 유리의 분자에 다다르며, 달라붙으면 그 뒤에 있는 물 분자를 바싹 끌어 당기려고 한다. 물 표면은 차례로 유리관 표면에 달라 붙어 올라가게 되며, 상승력보다 끌어내리는 중력이 더 커질 때까지 계속되므로, 이 둘이 평형을 이룰 때 마침내 정지상태에 이른다. 끊임없이 "물은 움직이고, 격렬히 진동한다". 이와 같은 특성 때문인지 물에 관한 연구가 어려운지도 모르겠다. 전 영역에 걸쳐 다양하게 분포되어 있을 뿐만이 아니라, 매우 역동적인 존재이므로, 물은 아직도 심오하고 그래서 커피에 있어서 물에 관한 연구가 점진적으로 나아가는 것 같다.

물은 변화무쌍하다

물은 3가지 도양의 응집 상태로 고상(얼음), 액상(물), 기상(수증기)의 삼상으로 존재한다. 물 분자는 얼음 결정 속에서 수소 결합에 의하여 육각 결정 구조를 가지며 6개의 산소 원자로 된 고리가 삼차원적으로 연속된 사면체 구조를 갖는데, 눈의 결정이 육각형으로 된 것도 이 때문이다.

물이 얼어서 고체 얼음이 되면 물 분자는 서로 결합력이 서 지고 굳고 단단한 구조가 된다. 이 때, 물 분자의 산소와 수소는 수소 결합수에 의해 비교적 규칙적인 조합으로 안정되어 있고 틈이 있는 구조를 만든다. 사실은, 얼음 안에서 물 분자는 완전히 고정되어 전혀 움직이지 못할 것처럼 보이지만, 사실은 꼭 그렇지도 않다. 얼음 속에서 물 분자는 1/100000 초 간격으로 회전하거나 움직이고 있다. 이는 얼음 결정의 빈틈으로 물 분자가 빠져드는 식으로 얼음 속에서도 물 분자가 이동하는 것이다. 실제, 예를 들면, 얼음 속에서 프로톤($H+$)이나 전자 이동이 액체인 물보다 더 빠르다는 것은 이미 널리 알려진 사실이다.

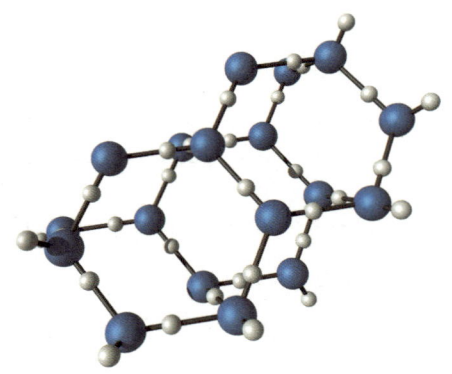

얼음 결정의 구조

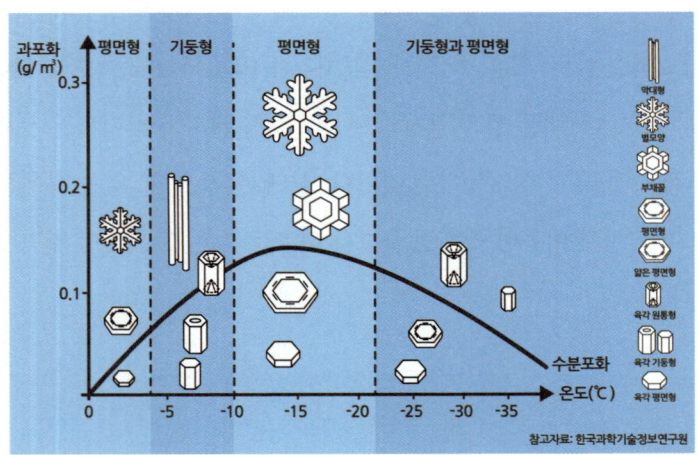

다양한 눈 결정체

참고로, 육각형 모양의 눈송이는 물리학적으로도 매우 흥미로운 대상이었다. 이에 관한 연구는 예전부터 요하네스 케플러가 1611년에 발표했던 "육각형 눈송이에 대하여"로 알려져 왔다. 그는 눈송이를 구성하는 물이 둥근 공

모양의 입자라고 생각하고, 그런 입자들이 모여서 만들어질 수 있는 거시적인 구조를 연구함으로써 미시적인 입자와 거시적인 대상의 관계를 처음으로 발견했다. 1936년에 벤틀리와 험프리스는 무려 2,400여 종류가 넘는 눈송이의 모양을 남겼다. 구부러진 모양의 물 분자로부터 다양한 모양의 눈송이가 어떻게 만들어질 수 있는지에 관해서는 아직도 확실히 밝혀진 바는 없다.

반면에, 액체 상태의 물은 결합수가 적기 때문에 얼음의 경우보다 많은 분자가 같은 공간을 차지한다. 액체상의 물보다는 빈틈이 많은 분자의 배열로, 비중도 액체상의 물보다는 거의 10% 작고 얼음(비중 0.9168)은 물 위에 뜬다. 얼음이 녹을 때는 일부의 수소 결합이 파괴되어 육각형의 터널 구조가 없어지므로 액체인 물 쪽으로 H2O 분자가 채워진다. 0℃의 물에 열을 가하면 100℃의 물이 될 때 까지는 1kg의 물에 대하여 1℃ 올리는데 1 kcal의 열량이 필요하게 된다. 물의 비열이며, 이는 1kcal/kg℃이다.

물	사염화탄소 CCl_4	벤젠 C_6H_6	부탄올 C_4H_9OH	아세트산 CH_3COOH	에탄올 C_2H_5OH
1 cal	0.2 cal	0.32 cal	0.57 cal	0.49 cal	0.58 cal

물과 다른 액체들을 비교한 표이다. 물의 비열이 큰 이유는 가해준 열이 수소 결합을 끊는데 쓰이므로, 온도가 쉽사리 오르지 않기 때문이다. 그래서 바닷가에서 낮에 해풍이 불고 밤에 육풍이 부는 것, 해안 지방의 일교차가 내륙지방보다 작은 것이 그 이유이다.

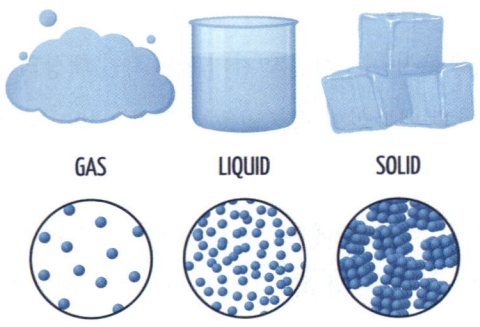

　녹는 점과 끓는 점은 고체가 액체로, 액체가 기체가 되는 온도를 말한다. 고체에서 열 에너지를 가해 분자간의 인력에 의해 단단히 고정되어 있는 분자를 어느 정도는 움직일 수 있게 만드는 온도가 끓는점이다. 끓는 점은 액체에서 열에너지를 가해 분자간의 인력을 이겨내고 다른 분자의 영향을 받지 않고 자유롭게 있을 수 있는 방법이 바로 기체로 되는 것이다. 물의 녹는점과 끓는점이 다른 원소에 비해 높은 이유는 물은 한 분자당 4개의 수소 결합을 할 수 있기 때문이다.

　기체 상태의 물은 다음 장 '물과 열'에서 계속 하겠다.

물과 열: 얼음에서 수증기로

물 분자들 사이의 수소 결합은 물이 열을 흡수하고 전달하는 과정에 많은 영향을 끼친다. 물은 낮은 온도에서는 얼음으로 존재하고, 그 분자들은 질서 정연하게 배열된 결정들 속에서 움직이지 못한다. 따뜻해지면 녹아 액상의 물이 되며, 다시 액상의 물이 증발해 수증기가 된다.

❖ 얼음은 세포를 손상시킨다

응축상의 물이 가지고 있는 가장 독특한 특성은 얼음과 물의 밀도이다. 고체상태의 분자 사이의 평균 거리는 액체보다 작기 때문에 고체의 밀도가 더 큰 것이 일반적이다. 그러나 얼음의 경우는 분자들 사이의 수소 결합 때문에 물 분자들 사이에 빈 공간이 많은 분자 배열로 이루어지지만, 액체의 물에서는 분자들의 열 운동 때문에 그런 구조가 깨지면서 빈 공간이 줄어들게 된다.

즉, 특정온도 (예: 4℃) 보다 낮은 온도에는 얼음에서 볼 수 있는 수소 결합에 의한 빈 공간이 생기고, 그보다 더 높은 온도에는 분자들의 활발한 운동에 의해 분자들 사이의 거리가 멀어지기 때문에 물의 밀도가 감소된다. 쉽게 말해서, 겨울에 수도 파이프와 장독이 얼어 터지는 것, 빙산이 바다에 떠다니는 것, 강이나 호수의 물이 위쪽에서부터 얼기 시작한 것도 이런 현상 때문이다.

사실, 물은 0℃가 아니라 4℃에서 가장 차가운데, 그 때 밀도가 가장 크다. 오직 4℃ 이상에서만 밀도가 정상적으로(온도가 증가함에 따라 감소하는) 작동한다. 따라서 녹는점 근처에 있는 물은 밀도가 작기 때문에 약간 더 따뜻한 물 위에 떠 있는 것이다. 이런 특성은 매우 사소한 것이라고 여겨질 수도 있고, 아니면 물은 정말 다른 물질과는 다른 이례적인 액체로 비춰지는 것이라 생각한다.

일반적으로, 물질이 얼음 상태인 경우에 액체에서 고체로 상태 변화를 일으킨다. 따라서 원자의 배열은 무질서하고 유동적인 것에서 규칙적이고 고정적인 것으로 완전히 바뀌는 것이다. 한편, 일반적인 열 팽창이 일어나는 동안에는 물질의 상태가 변하지 않으므로, 어느 동안 팽창된 얼음 결정들이 세포의 막과 벽에 구멍을 내고, 얼음 결정들이 녹을 때 그 구멍으로 내부의 액체가 흘러나온다.

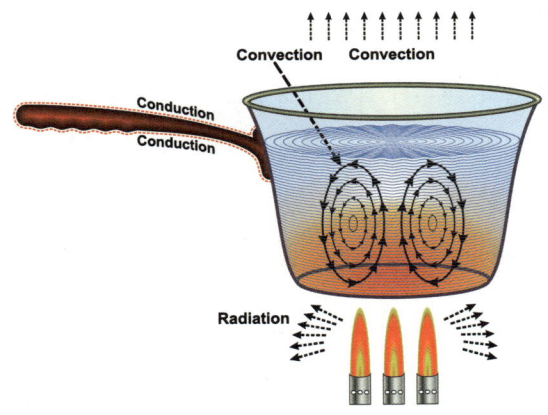

❖ **액상의 물은 느리게 가열된다**

물 분자들 사이의 수소 결합 덕분에 액상의 물은 비열이 높다. 예를 들면, 물 1킬로그램을 1℃ 끌어올리기 위해서는 철 1 kg을 1℃ 끌어올리는 데 드는 에너지보다 10 배의 에너지가 더 필요하다. 물에 가해진 열에너지가 그 분자들을 더 빠르게 움직이게 하고 온도를 끌어올리기 전에 에너지의 상당 부분이 그 분자들이 빠르게 움직일 수 있도록 먼저 수소 결합을 파괴하는데 투입된다. 위와 같은 특성으로, 주방에서 뚜껑을 덮은 팬 속의 물을 일정한 온도까지 가열하는 데 걸리는 시간보다 2배 이상 걸리기도 하며 가열을 중단한 뒤에도 물은 더 오랫동안 온도를 유지한다.

(물질 1g을 1℃ 올리는데 필요한 에너지의 양: 물의 비열=4.18 J/g·℃)

물은 다른 액체에 비해서 비열이 커서 가열할 때 온도가 서서히 올라가고, 냉각할 때는 온도가 서서히 내려가는 것이다.

❖ 액상의 물은 증발할 때, 다량의 열을 흡수한다

물은 특이하게도 높은 잠열을 가지고 있다. 물은 액체에서 기체로 변할 때 온도의 상승 없이 흡수하는 에너지의 양이 대단히 크다. 땀을 흘리고 나면 시원하게 느끼는 것도 이 때문이다. 과열된 신체의 피부에서 둘이 증발하면서 다량의 에너지를 흡수해 공기 중으로 가져가 버리기 때문이다.

요리사들이 낮은 온도에서 고기를 오븐으로 굽거나, 냄비 뚜껑을 열고 육수를 끓이는 것도 이 원리를 이용한 것이다. 증발에 의해 음식물이나 그 주변으로부터 에너지가 제거되므로 음식이 서서히 익는다.

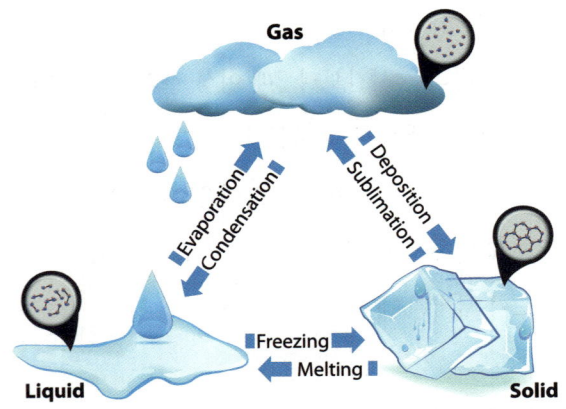

❖ 수증기는 응결될 때 많은 에너지를 내놓는다

  수증기가 차가운 표면에 닿아 액상의 물로 응결될 때는 같은 양의 증발열이 방출된다. 즉, 같은 온도에서 수증기가 공기에 비해 훨씬 효율적이고 빠르게 음식물을 익히는 것도 이런 현상 때문이다.

  (예: 찐 냄비에서는 1, 2초만 있어도 화상을 입는다)

물은 존재하는 물질 중에서 가장 우수한 용매이다

❖ 용해도

물은 대부분의 이온성 물질을 용해시킨다. 공기도 물에 용해되므로, 우리는 "물은 다른 물질을 용해시키는데 능하다"라고 말할 수 있다.

물은 다른 물질들과도 수소결합을 형성하여 주변에 달라붙어 자신보다 큰 분자들을 둘러싸 그것들을 서로 분리시킨다. 거의 완벽히 진행 될 때, 각 분자들이 물 분자들에게 둘러 쌓이는 현상을 우리는 그 물질이 물에 '용해되었다'라고 한다.

다양한 화학 반응을 일으키는 역할을 하므로 "만능 용매"라고 부른다. 용매란 용질(용해도는 물질)을 용해 시키는 물질을 말한다. 수많은 물질들이 물속에 용해 되고, 생명체는 생명의 과정에서 그들을 이용한다. 모든 물질은 소량이라도 물에 녹으며, 물질에 따라 잘 녹는 것과 잘 녹지 않는 것도 있다.

결국에 물은 여러 화학 반응이 효율적으로 일어날 수 있도록 화학적 환경을 제공해 준다. 생명체에서 필요한 구성 물질을 흡수하거나 만들어내고, 필요한 에너지를 생성하고, 노폐물을 처리하는 과정에서 수없이 다양한 반응이 일어나게 되고, 이와 관련된 화학 반응을 원활하게 만들어 주는 것이 바로 물을 주성분으로 하는 세포액이다.

실생활에서 우리는 음식물을 깨끗하고 쉽게 소화될 수 있는 형태로 조리하는 과정에서도 물을 이용한다. 단단하게 뭉쳐진 녹말로 된 쌀은 소화 시키기 어렵지만, 쌀을 물에 넣어 높은 온도로 가열하면, 녹말 분자들 사이에 물 분자들이 스며들어 뭉쳐진 녹말이 풀어지면서 부드러운 수화 겔형태가 된다.

밥을 할 때, 뜸 들이는 이유도 물 분자들이 단단하게 뭉쳐진 녹말 분자들 사이로 스며 들어가는 데에 상당한 시간이 요구되기 때문이다.

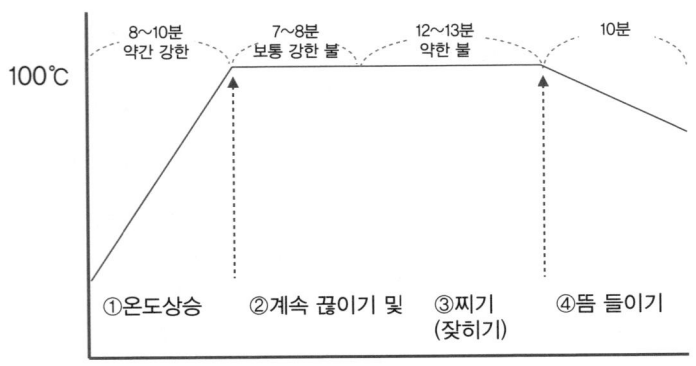

밥 짓는 과정에서의 알맞은 가열 조건과 시간

또한, 온도에 따라 분자간의 운동성이 증가되어 용해도가 증가한다. 하지만 온도가 증가할수록, 기체의 용해도는 감소한다. 이산화탄소와 비교했을 때, 산소는 물에서의 용해도가 매우 낮다. 온도가 10℃에서 30℃로 상승했을 때 산소 용해도는 40% 정도 감소한다. 따라서, 물은 모든 생명체의 삶에 절대적으로 필요한 물질이라는 것은 부인할 수 없다.

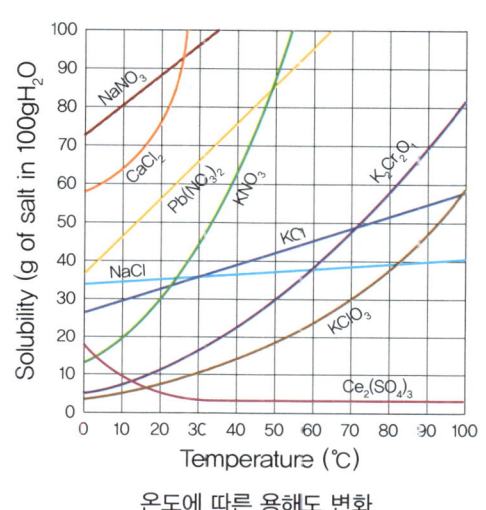

온도에 따른 용해도 변화

물의 온도와 그에 따른 특성

온도	비중	점도	열용량	열전도도		열확산도
+100	–	0.284	1.007	1.598		0.0016
+20	0.998	1.005	0.999	1.429		0.0014
+4	1.000	1.567	1.004			0.0013
−0	0.916	–	0.502	5.35		0.011
−20	0.919	–	0.467	5.81		
−50	0.923	–	0.435	6.64		0.017
−100	0.927	–	0.329	8.29		0.027

물은 다른 물질들을 잘 용해시키므로, 증류수를 제의하면 순순한 형태르 찾아보기는 힘들다. 수돗물은 최초의 수원(우물, 호수, 강)과 현지의 처리 과정(염소 처리, 불소 첨가 등등)에 따라 그 구성이 매우 다르다. 수돗물에 녹아

있는 대표적인 두 가지 미네랄은 칼슘과 마그네슘의 탄산염과 황산염이다. 흔히 경수라고 불리는 물은 채소의 질감과 색깔, 빵 반죽의 농도 그리고 커피의 맛까지 영향을 미치며 이에 대한 부연 설명은 다음 장에서 계속하겠다.

물과 산도: pH 수치

산과 염기의 성질은 일상 생활에 영향을 미친다. 스테이크에서 커피, 오렌지에 이르기까지 우리가 먹는 모든 음식은 적어도 약간의 산성을 띤다. 요리 매개물의 산성 정도, 즉 산도는 과일과 채소의 색깔, 고기와 단백질의 질감 등 영향을 끼친다. pH 0.2의 차이는 맛에 있어선, 약 200배 정도의 차이를 유발시킨다고 한다. 참고로 우리가 마시는 아메리카노(블랙 커피)는 pH 5.0으로 약산성에 가깝다.

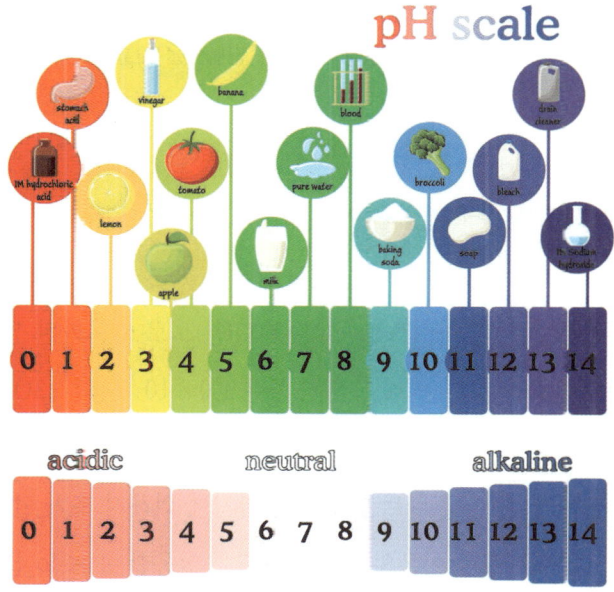

pH 값 ↓ : H^+ 이온의 농도 ↑, OH^- 이온의 농도 ↓

pH 값 ↑ : H^+ 이온의 농도 ↓, OH^- 이온의 농도 ↑

- pH: 순수한 물에서 수소 이온 농도는 1리터당 10^{-7} mol 이다.

따라서 순수한 물의 pH 는 7이다. 산성이 더 강한 용액은 pH 값이 7보다 적고, 염기성이 더 강한 용액은 7보다 높은 pH 값을 갖는다, pH에서의 1의 차이는 양성자 농도가 10배 더 증가하거나 감소하는 것으로 표시한다. pH 5인 용액은 pH 8인 용액보다 수소 이온의 숫자가 1000배 더 많다는 것을 의미하여, 더욱 강한 산성을 띤다고 할 수 있다.

> **Molarity (몰 농도)**
> 용액 1 리터당 용질의 mole 수
> 즉, mol / 1 L = 실제 g 수 / 분자량/ 1 L
> 1 mol 의 분자량을 가진 물질에 물을 넣어 1 L 를 만들었을 때를 그 분자의 1 M 이라 한다.

인접한 물 분자와 수소 결합을 이룬 상태로 열에너지에 의해 진동 운동을 하는 물 분자 1백억 개 중의 하나는 본래 가지고 있는 수소를 물 분자에 빼앗겨 수산화 이온(OH^-)과 하이드로늄 이온(H_3O^+)으로 이온화된 상태로 존재한다. 자동 이온화 반응에 의해 상온의 물은 1.0×10^{-7} M의 H_3O^+와 OH^- 이온이 존재하게 된다. 물속에 존재하는 하이드로늄 이온의 양은 염산이나 황산과 같은 산이나, 수산화 나트륨과 같은 염기에 의해서 크게 달라진다. 그래서 물 속의 하이드로늄 이온의 농도는 로그를 이용한 pH= $-\log[H_3O^+]$로 나타난다.

물 속에서 일어나는 화학 반응의 정도와 속도는 pH 에 따라 크게 달라진다. 따라서, 우리 몸은 체액의 pH 를 일정하게 유지시키는 완충 작용을 할 수 있는 여러 가지 화학적 수단으로 활용한다. 만약 혈액의 pH 가 7.4 에서 조금만 달라져도 생명이 위독하게 된다.

- 산(acid): 반응성 수소 이온으로 즉, 양성자들을 물에 내놓는 분자들이다. 거기서 중성의 물 분자들이 이들을 포획해 양전하를 띠게 된다. 참고로 산 자체는 음전하이다.
- 염기(alkali): 양성자들을 받아들이고 그것을 중화시키는 화학 물질 집단

※ 산과 염기의 '일반적' 정의

산(Acid)	염기(Base)
신맛	쓴맛
리트머스 반응(청 → 적), BTB(황색) 메틸 오렌지 (붉은색)	리트머스 반응(적 → 청), BTB (주황) 페놀프탈레인(붉은색)
이온화 경향 큰 금속과 반응 → H_2O	촉감: 미끈미끈함
염기와 중화	산과 중화
수용액은 전해질 → 전류 잘 통함	수용액을 전해질 → 전류 잘 통함

물의 역할은 매우 다양하고 필수적인 측면을 지니고 있다

앞에서 언급한 바와 같이, 자연계 안에서도, 우리가 미처 생각지 못했던 이 화학적인 환경에서도 물의 영향력은 매우 크다. 다양하고 광범위한 생체적인 기능을 발하는 것처럼, 물의 역할도 여러가지로 나뉜다.

먼저, 식품으로서 물의 기능은 용매로써 물질을 용해시키고 대부분의 식품에 큰 영향을 미친다. 유동적인 기능을 띠며, 수분에 용해되어 운동성을 향상시켜 대다수 식품 및 건조 식품에 긍정적인 영향을 끼치고, 화학 변화를 촉진시켜 식품 품질을 변화시키는 반면에, 가수 분해를 통해 식품의 맛과 조직 등 전반적인 품질 뿐만이 아니라, 저장 중 품질 변화 등에도 영향을 미친다. 신체적인 측면에서는 단백질, 다당류 등의 수소 결합으로 항산화 효과가 상승되어 건강한 신체를 구성할 수 있게 만든다.

❖ **식품 속의 존재하는 물의 형태 (자유수 Vs 결합수)**

식품에서의 수분 함량은 곧 식품의 경도, 유동성, 신선도, 보존성, 풍미 등과 밀접한 관계가 있어 식품의 조리 및 가공, 저장상태 등에 매우 중요한 영향을 미친다. 이런 식품 속에 함유되어 있는 물은 크게 자유수와 결합수로 나뉜다.

- **자유수(free water)**: 용질과 상호 작용을 하지 않는 물, 흔히 순수라고 한다. 물이 자유롭게 존재할 때는 자유수의 형태로 있다. 식품 속에서 염류, 당류, 수용성 단백질 등에 대해 용매로 존재하며, 효소나 미생물 등에 이용할 수 있으며, 전해질 이동을 가능하게 만드는 물이다. 식품 속의 물은 대부분 자유수 형태이고 기본적으로 물리학적 특성을 띤다. 건조나 가압에 의해 쉽게 제거될 수 있는 수분이다.

- **결합수(bound water)**: 식품 중 단백질 및 탄수화물 잔기에 수소 결합 등으로 단단히 묶여 있기 때문에 행동에 구속 받고, 자유수의 기능과는 다르다. 용대로서의 기능은 없고 -40℃ 이하의 저온에서도 얼지 않으며, 수증기압이 현저하게 낮아서 대기 중에서도 잘 증발하지 않고, 큰 압력을 가해서도 쉽게 제거되지 않는다. 또한 미생물 생육에 이용될 수 없는 물이고 화학 반응에 관여할 수도 없는 물이다.

한 식품 내의 결합수와 자유수는 완전히 서로 독립적으로 존재하는 것이 아니며, 일부 결합수는 상황에 따라 자유수가 될 수 있으며 이는 자유수 역시 마찬가지이다. 즉, 이들 사이에 이동은 일반적으로 제한된 어떤 범위 내에는 가역적이며, 평형상태는 온도나 물에 녹아있는 물질들의 종류나 양 등 크게 영향을 받는다.

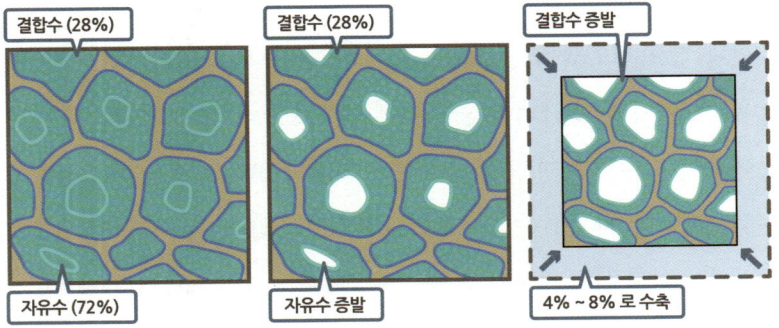

❖ 수분 함유량 Vs 수분 활성도

※이것만은 알아두자!

수분 함유량(Moisture contents): 커피 생두 및 로스팅 시 가장 빈번하게 듣는 용어이다.

수분 측정기를 이용해서 간단히 측정하는데, 사실 이론적으로는 상압 가열, 감압 가열 또는 적외선 건조법 등으로 측정하곤 한다. 최근에는 수분 함량에 따른 식품의 상(phase)은 일반적인 개념과 일치하지 않으므로, 식품 내 존재하는 물은 퍼센트(%) 함량보다 식품 내 어떤 형태로 존재하는 여부가 더욱 중요하다.

수분 활성도(Water activity): 미생물 생장과 식품의 풍미 및 색 등을 변화시키는 식품의 화학적, 생물학적 및 물리적 반응과 관련되어 매우 중요한 특성

일정 온도에서 식품이 나타내는 수증기압(P)과 순수한 물의 수증기압(P0)의 비
(순수한 물의 수분 활성도는 1이고 일반적인 식품은 1보다 작다)

$Aw = Ps / Po = Nw / Nw + Ns$

Ps = 식품 속의 수증기압

Po = 동일 온도에서의 순수한 물의 수증기압

Nw = 물의 몰수, Ns = 용질의 몰수

➜ 식품의 수분 활성도에 따른 품질 변화 인자가 있다.

미생물에 따른 수분 활성도		식품 종류에 따른 수분 활성도	
세균	0.90~0.94	곡류, 크래커, 설탕	0.1
	〃	꿀	0.76
효모	0.88~0.90	말린 과일	0.72~0.80
	〃	잼 젤리	0.82~0.94
곰팡이	0.70~0.95	빵, 치즈	0.96
	〃	육류, 달걀, 주스류, 야채, 과일류	0.97

따라서, 수분 활성도를 고려한 식품의 포장법도 점차적으로 다양해지고 있다. 만약 흡습성이 있는 식품이라면 수분 차단을 위해 유리병, 페트 병 등을 사용하고 쉽게 증발되는 식품들은 방습 포장재(예: 치즈, 빵)를 사용할 것이다.

물의 물성

요즘 '물성', 식품의 물성이라는 용어를 빈번하게 듣곤 한다. 물성이란 물리적인 특성, 성질을 의미하는 용어로 물의 물성이라는 정의는 물이 가지는 물리적 특성을 총칭하여 표현하는 것이다. 더욱 세부적으로 접근하면, 물의 밀도, 점성, 온도 및 압력 등으로 풀이될 수 있으며, 파트 2에서 물의 이화학적인 특성을 각각 설명하였으므로, 여기서는 물의 물리적 특성을 통하여 전체적으로 요약 정리하며 물의 다양한 특성을 마무리하고자 한다.

❖ 용매로써의 물의 역할 및 중요성

지구 밖의 생명을 탐색할 때 가장 먼저 물의 존재 여부를 확인한다. 세상에는 정말 다양한 생물이 살지만 물이 없이 사는 생물은 없기 때문이다. 인간도 예외가 아니므로 체중의 60%이상이 물로 구성되어 있다. 즉, 물이 생명에게 가장 중요한 영양소인 것이다. 인간은 몸에서 물이 2% 즉 1kg정도만 부족해도 심한 갈증을 느낀다. 이것은 아무리 심한 갈증도 물 한 병 정도를 마시면 해소되는 것으로 알 수 있다. 그리고 인간은 물이 5%가 부족하면 혼수상태가 되고 10%가 부족하면 사망하게 된다. 이처럼 물은 생명에서 가장 중요한 영양소이지만 아무도 왜 그렇게 많은 물이 있어야 살아 갈수 있는지, 우리 물의 정확한 역할에 관심을 가지는 경우는 별로 없다.

식품원료도 대부분 한 때 생명이었고, 그래서 수분이 많다. 보통 수분이 80% 이상이고 채소는 수분이 95% 정도이다. 일부 건조식품이나 영양 저장체 형태일 경우에는 수분이 매우 적지만 그것은 극히 예외이고, 이들도 먹을 때는 침(물)과 섞여야 먹을 수 있다. 건조한 상태로는 소화 흡수도 어렵고 심지어 삼킬 수조차 없다.

물은 극성 용매라고 하는데 물이 극성을 가지는 것은 그 분자의 형태에 있다. 물은 산소에 2개의 수소 분자가 결합한 형태인데, 2개의 수소 분자가 180° 좌우 대칭으로 배열되었으면 극성이 없거나 약할 텐데, 104.5도로 거의 'ㄱ'자 형태로 꺾여 있다. 그래서 수소이온이 가까이 있는 쪽은 (+)전하를 띠고 산소 쪽은 (-)전하를 띤다. 이런 전자적 편중(비대칭)이 세상에서 가장 작은 분자 중에 하나인 물에게 극성을 띠게 하고 다른 분자와는 전혀 다른 특성을 가지게 만든다. 전기적인 끌림에 의해 수소 결합(hydrogen bond)를 형성하는 것이다.

❖ 물의 응집력

수소결합으로 인하여 물 분자끼리의 결합하는 응집력(cohesion)과 물 분자가 다른 분자와 결합하는 접착력(adhesion)이 부여된다. 물을 끈적끈적하게 만드는 것이다. 물이 끈적인다고 하면 의아해 하는 사람이 많겠지만 분자의 크기 대비 매우 끈적거린다. 그래서 녹는점, 끓는점이 매우 높고 융해열과 기화열도 매우 크다. 아래 그래프처럼 H_2Te, H_2Se, H_2S, H_2O로 비교해보면 그 사실을 알 수 있다. 만약에 물이 다른 분자처럼 극성이 없어 서로 응집하는 성질이 없다면 물은 -90℃에서 액체가 되고 -68℃에서 기체가 될 것이다. 그런데 물은 이보다 -90℃가 높은 0℃에서 액체가 되고, -168℃가 높은 100℃에서 기체가 된다. 정말 놀라운 응집력이다. 만약에 물에 이런 응집력이 없어서 영하의 온도에서도 기화가 되었다면 생명 현상은 없었을 것이다. 그리고 식물이 높이 자랄 수 있는데도 이 응집력이 필수적이다. 물은 응집력 때문에

'표면 장력'도 강한 편이고 이 때문에 물을 가는 유리관에 넣으면 물이 모세관을 따라 올라가는 '모세관 현상'(capillary phenomenon)이 생기는 것이다. 그리고 이 특성으로 인하여 식물이 영양분을 흡수하고, 높이 자랄 수 있다. 100m가 넘는 나무의 잎까지 수분이 공급되는 것은 나뭇잎에서 수분이 증발하면 뿌리의 수분이 모세관 현상으로 딸려오기 때문이다. 그러나 그 한계가 있어서 120m를 초과하지 못한다. 나무의 최대 높이가 물의 점도에 의해 끊기지 않고 땅길 수 있는 최대 높이를 의미한다고 본다.

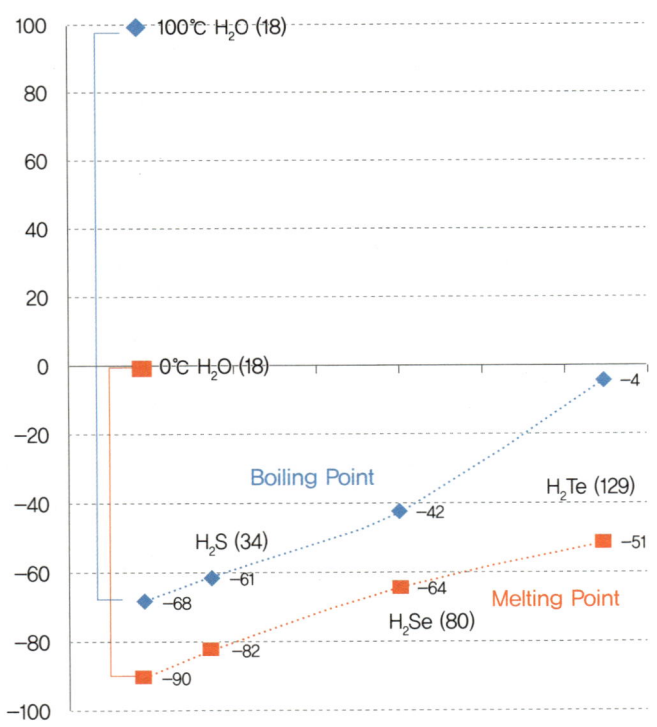

❖ 물의 결합력

물이 가지고 있는 극성은 다른 분자와의 결합력도 중요하다. 식품에서 결합수(bound water)는 식품 중의 단백질이나 탄수화물에 수소 결합으로 단단히 묶여 있는 물을 말한다. 이렇게 결합한 물은 일반적인 물(자유수)과 그 특성이 완전히 다르다. 결합한 분자와 떨어지지 않기 때문에 쉽게 증발하지도 않고, 미생물이 생육에 이용할 수 없고, 다른 화학 반응에 관여할 수도 없는 물이다. -40℃ 이하의 저온에서도 얼지 않는다. 공유결합도 아니고 단지 극성의 분자끼리 친하게 지내는 수소 결합도 아닌데, 물이 화학적인 작용으로 결합하는 것도 아닌데 그 힘이 뭐 그리 대단할까 싶지만, 유리에 얇은 비닐 필름을 붙여본 사람이면 그 힘을 짐작할 수 있다. 비닐 필름에 단지 물만 살짝 묻혔는게 유리에 붙인 필름은 도무지 떨어지지 않는다. 머리카락이 물에 젖으면 서로 달라붙거나 바람에 쉽게 날리던 낙엽이 물에 젖으면 바닥에서 떨어지지 않는 것을 보면 물의 결합력을 조금 짐작할 수 있다. 꿀이나 물엿이 그렇게 끈적이는 것도 물 때문이다. 물이 아주 많거나 아예 없으면 그런 끈적임이 없는데 약간만 있으면 아주 강력한 힘을 발휘한다. 식품 중에서 그 강력한 힘을 가장 잘 느낄 수 있는 것이 케이킹 현상이다. 분말상태의 식품이 아주 약간의 수분을 흡수하면 케이킹이 발생하는데 돌처럼 단단해진다. 아무런 화학적 반응 없이 단지 아주 소량의 수분만 흡수되었는데 분말이 돌덩어리처럼 단단한 물체가 되는 것이다.

❖ 물의 밀도 및 부피

분자간의 강한 결합력으로 물의 밀도는 높은 편이다. 4℃ 쿠근이 가장 부피가 작아지므로 이 부분의 밀도가 가장 높고 얼면 오히려 밀도가 감소한다. 물이 얼음이 될 때 물 분자들의 움직임이 감소하고 수소결합에 의해 규칙적으로 배열되어 분자 사이에 빈 공간이 많은 육각 고리 모양이 된다. 따라서 같은 질량의 물이 얼음으로 되면 부피가 증가하고 밀도가 작아진다. 밀도는 단위 부피당 질량이므로, 이러한 물의 밀도로 인해 강이나 호수에 얼음이 얼 때 표면부터 얼고, 얼음의 밀도가 작으므로 얼음은 물 위에 떠있게 된다. 보통은 온도가 낮아지면 부피가 줄고 밀도가 높아지는 것에 비해서는 아주 특이한 현상이다. 만약에 이런 현상이 없으면 겨울에 호수의 표면이 얼면 무거워져 가라앉고 바닥부터 점점 얼음이 차올라 생명들이 버티기 힘든데, 위쪽만 얼고 그 얼음이 단열층을 형성하여 아래의 물은 얼지 않게 하여 생명이 살아가게 하니 물은 생명의 근원이라 할 수 있다. 이런 예외적인 현상은 0~4℃ 근처에서만 일어나고 0℃ 이하에서는 온도가 낮아질수록 부피가 감소하여 밀도가 증가하는 전형적인 특성을 보인다.

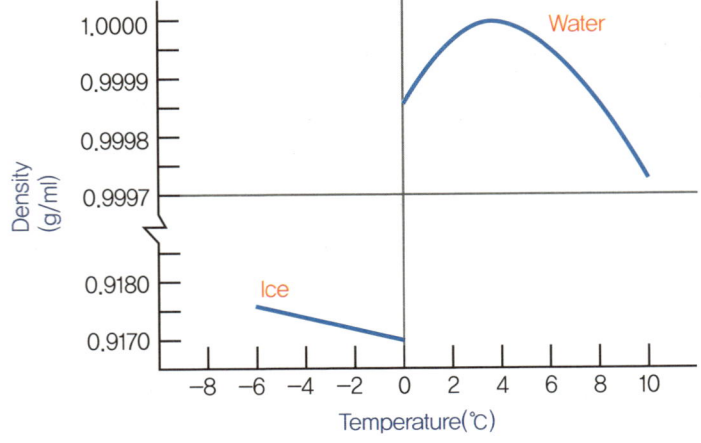

❖ 물의 분자 운동

물 분자는 한 순간도 멈추어 있는 경우가 없다. 물이 기체 상태에서는 자유롭게 움직인다는 것은 흔히 알고 있지만, 물이 잔잔히 액체 상태에서도 격렬히 움직이고 심지어 꽁꽁 얼린 상태에서도 그 정도만 낮아질 뿐 활발히 움직인다는 것은 짐작하기 힘들 것이다. 모든 분자는 원자로 이루어졌고 원자는 광속의 10%에 해당하는 속도로 맹렬히 회전하는 전자를 가지고 있다. 그래서 모든 분자는 격렬하게 움직일 힘을 가지고 있는 것이다. 움직임의 정도는 온도가 높을수록 커지고 분자가 적을수록 커진다. 공기 중에 분자는 초속 500m 이상으로 가장 빠른 태풍보다 10배 이상 빠른 초음속으로 움직인다. 그럼에도 미풍도 없이 잔잔할 수 있는 것은 분자들이 각자 순식간에 좌충우돌할 뿐 방향성 없이 움직이기 때문이다. 만약에 좌충우돌하지 않고 모두 한 방향으로 직선으로 움직인다면 가장 튼튼한 건물도 순식간에 박살낼 정도로 강력한 바람을 맞을 것이다.

액체인 물도 기체보다는 약하지만 항상 진동하며 주변의 물과 붙었다 떨어졌다를 반복한다. 그래서 액체 상태에서는 10~11초 간격으로, 동결된 상태에서도 10~5초 간격으로 붙었다 떨어졌다를 반복한다. 정말 역동적이다. 그래서 물에 소금이 녹고 설탕이 녹고 커피 원두에서 맛과 향이 추출되는 것이다.

이런 물의 분자운동을 잘 보여주는 것이 브라운 운동이다. 물에 꽃가루를 떨어뜨리면 꽃가루가 살아있는 것처럼 마구 움직인다. 그런데 물 분자의 크기는 불과 0.2nm이고 꽃가루의 크기는 무려 50um(50,000nm)이니 직경의 차이가 10 000배 이상이고, 부피(크기) 차이는 1조 배가 넘는다. 물 분자들의 운동이 얼마나 격렬하면 자기보다 1조 배 큰 꽃가루를 끊임없이 흔들 수 있을까? 물의 역동성은 실로 대단한 것이라 할 수 있다. 그리고 이런 물의 역동성 이야말로 생명의 근본적인 힘인지도 모른다.

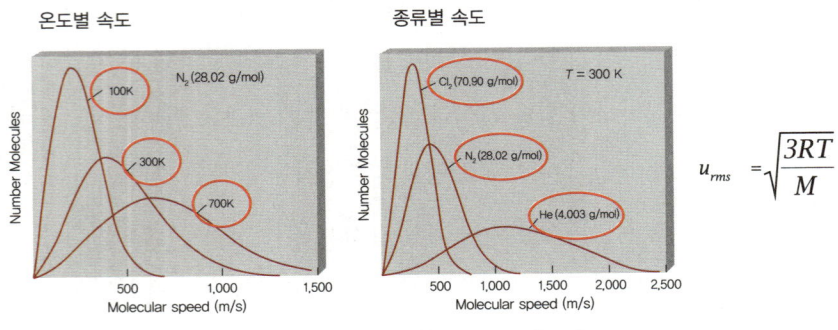

온도와 분자량에 따른 기체의 운동속도

그러나 강력한 진동도 모든 분자를 순식간에 녹이지는 못한다. 분자가 워낙 작아 개별 분자는 워낙 가볍고 힘이 적고, 적은 양도 많은 분자로 되어있기 때문이다. 소금 58g은 6 x 1023개의 소금 분자로 이루어졌다. 소금 0.00000058g을 녹이려면 1경 개의 소금분자를 하나씩 떼어내야 한다. 그래서 작은 양의 소금이나 설탕이 녹는데도 어느 정도 시간이 필요한 것이다.

이런 물의 진동 현상은 물과 서로 친한 분자를 녹이게 하지만 기름과 같이 물과 친하지 못한 분자는 배척하는 경향을 더 크게 한다. 기름과 같은 분자는 비극성이라 물과 결합하는 힘은 없고 같은 기름끼리 결합하는 힘은 강하다. 개별 물 분자의 흔드는 힘이 기름분자를 서로 떼어낼 정도로 강하지 못하기 때문에 시간이 지난다고 물에 기름이 녹지 않고 점점 기름끼리 뭉치게 한다.

이런 경향은 지방산의 길이가 길수록 강하여 아주 길이가 짧은 지방산은 물에 약간 녹지만 일정 크기 이상의 지방산은 물에 전혀 녹지 않게 된다. 극성은 극성끼리 비극성은 비극성끼리 점점 더 뭉치는 배경에도 분자의 진동 운동이 역할을 하는 것이다.

Part.03

물은 그 자체로 충분히 빛나고,
다른 이도 돋보이게 한다

물은 우리를 이롭게 만들고, 다른 음료 및 식품 구성에 대해 영향력을 발휘한다.
물어 용존된 미네랄 중, 칼슘, 마그네슘, 나트륨과 칼륨은 각자의 특성이 있고,
음식에 적용되어 변화를 준다.

물에도 맛이 있다

여러 차례 연구되어왔으며, 우리도 이미 한번쯤은 느껴본 적이 있을 것이다.

물론 비슷한 생수나 정수 필터는 감별하기 어려울 수도 있지만, 약수물, 수돗물, 생수, 정수 등을 마시면 그 차이를 분명히 느낄 수 있다. 그 중에서도 떫은 맛, 단맛 등이 강하게 느껴지는 물이 있는 반면에 맹맹한(Flat)한 맛을 지닌 물도 있다. 이처럼 물맛을 좋게 하는 요인들이 있다.

맛을 좋게 하는 성분

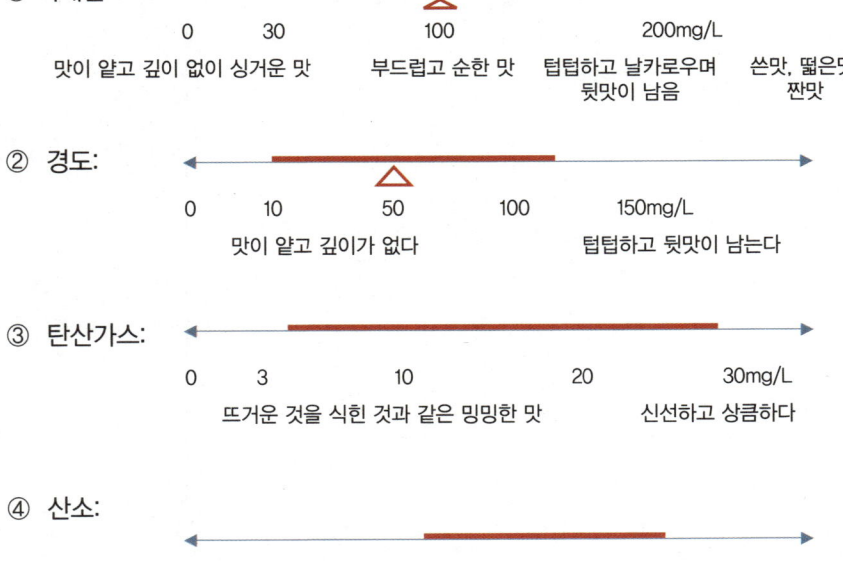

① 미네랄:
0 30 100 200mg/L
맛이 얕고 깊이 없이 싱거운 맛 / 부드럽고 순한 맛 / 텁텁하고 날카로우며 뒷맛이 남음 / 쓴맛, 떫은맛, 짠맛

② 경도:
0 10 50 100 150mg/L
맛이 얕고 깊이가 없다 / 텁텁하고 뒷맛이 남는다

③ 탄산가스:
0 3 10 20 30mg/L
뜨거운 것을 식힌 것과 같은 밍밍한 맛 / 신선하고 상큼하다

④ 산소:
죽은 물, 신선하지 않음 5mg/L 이상 청량감

뿐만 아니라, 해외 연구진은 물맛을 테스트 한 후 거미줄 도표화하였다. 하

단의 그림은 물의 이상적인 퀄리티를 명시하였고, TDS 수치가 높은 물의 관능적인 특성, pH 수치가 높은 물의 관능적인 특성, 마지막으로 짠맛이 있는 물(혹은 염수)의 관능적인 특성을 조사한 것이다.

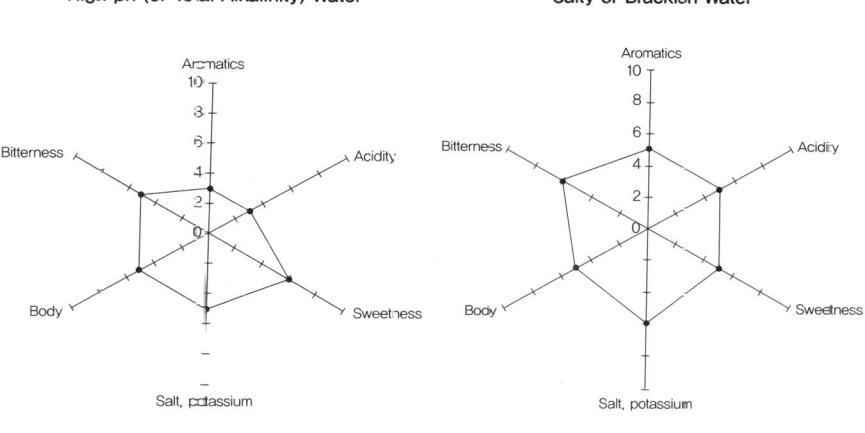

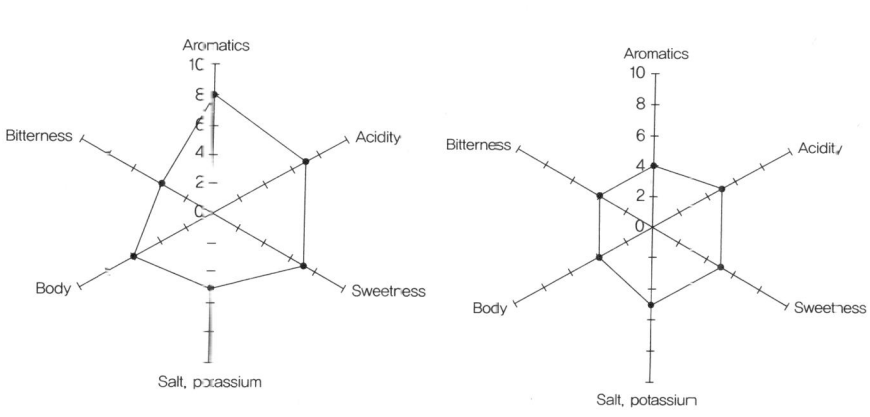

〈출처: SCAA water quality〉

좋은 물은 어떤 물을 말하는 것인가?

간단히 정의하자면,

1. 유해 물질이 없어야 한다.
 화학 물질, 중금속, 녹, 전염병을 일으키는 세균 등이 없어야 한다. 이러한 유해 물질은 검출되지 않거나 반드시 기준치 이내여야 한다.

2. 균형 잡힌 미네랄을 함유해야 한다.
 인체에 필요한 미네랄을 충분히 함유해야 한다. 우리 몸은 다양한 미네랄을 필요로 하고 있다. 미네랄은 우리 몸의 불과 약 4%밖에 차지하지만, 생명 현상에 작용하는 역할은 매우 크다. 미네랄이 없는 물은 죽은 물이나 다름없다. 인체에 유익한 칼슘, 마그네슘, 나트륨 등이 적절하게 함유됨으로써 체내에 세포 내외의 삼투압 균형을 조절하고 효소의 기능을 도우며 단백질 합성을 돕는 역할을 하며, 건강상 매우 중요하다고 볼 수 있다.

3. 약 알칼리 성이다.
 물의 산도는 약 7.5 정도이다. 체내 항산화 물질의 활동을 촉진시키고, 소화능력을 향상 시킨다. 참고로 인간의 최적 pH는 7.3~7.8이며 중화 및 최적상태로 유지하는 것이 좋다고 한다. 인체는 혈액을 포함한 대부분의 조직이 약 알칼리성이다. 약 알칼리성의 물을 마시면, 체내 효소와 항산화 물질의 활동을 원활하게 하여 음식의 분해, 소화, 흡수 능력이 높아지고 면역력이 강해져 건강을 유지할 수 있다.

4. 산소가 풍부하게 있어야 한다. (용존 산소가 최소한 5 ppm 이상이 되어야 한다)

   산소는 호흡을 통해서 약 70%가 공급되고 물과 음식물을 통해서 30% 그리고 피부를 통해서도 약간씩 공급된다. 일반적으로 호흡을 통해서 얻는 산소 공급의 효과 이상으로 신속하게 우리 인체세포에 직접 전달되어 생체 활성화에 일조하게 된다.

5. 물 분자 밀도를 나타내는 클러스터(cluster)가 50~60 hz 정도가 좋다.

   일반적인 물의 클러스터는 120~160hz이다. 경도가 지나치게 높은 물을 오랫동안 계속해서 마시면 식생활 여하에 따라서 자칫 결석이 오기 쉽다.

미네랄이 없는 물은 마치 앙꼬 없는 찐빵과 같다

　미네랄을 논하지 않고는 물에 다각적으로 접근하기 힘들 것이다. 우리가 실생활에서 자주 접하는 무기물 즉, 미네랄은 연수와 경수, 나아가 T.D.S 등과도 연관되어 요즘 많은 관심을 받고 있는 핵심 요소이기 때문이다. 뿐만 아니라, 물 속에 녹아져 있는 미네랄 이온들은 결국 flavor 에 영향을 끼치기도 한다. 대표적으로, 커피, 맥주, 와인 등에서도 미네랄 이온들은 추출된 커피 향미, 맥주의 제조 과정(예: hop utilization; 홉의 보일링 시간이 증가) 등에 밀접한 관련이 있다고 밝혀졌다.

❖ **미네랄 이온: 칼슘, 마그네슘, 나트륨, 칼륨**

　먼저, 미네랄 이온부터 알아보고자 한다.

미네랄은 무기염, 무기질, 광물질 등으로도 불리며 단백질, 지방, 탄수화물, 비타민과 더불어 5대 영양소중의 하나이다. 비록 생물체의 에너지원은 아니지만 주요 구성 성분으로 비타민과 더불어 생체 조절 작용을 하는 필수 불가결한 영양소이다. 무기물은 체내의 함량 및 1일 필요량에 따라서 100mg 이상인 칼슘, 마그네슘, 나트륨, 칼륨, 인 등 7개 성분이며, 필수적 미량 원소는 1일 필요량이 100mg 이하인 구리, 아연, 철, 불소, 망간 등 10개 성분이다.

　수중의 미네랄 성분은 함량에 따라 신체의 구성 및 조절 작용 등 건강에 간접적으로 영향을 미칠 뿐만 아니라, 이는 물맛의 차이까지 만들어 낸다. 특히, 우리가 알고 있는 것처럼, 물맛과 건강에 긍정적인 영향을 끼치는 미네랄 성분으로는 칼슘(Ca), 마그네슘(Mg), 나트륨(Na), 그리고 칼륨(K) 이 있다. 이들은 미세한 함량이지만 물 맛에 영향을 주며 생명 현상에 필수적인 요소들이다. 또한, 수중의 무기질은 미량이지만, 함량이 너무 많으면 쓴맛, 떫은 맛 등 물맛에 영향을 끼치고 과소 혹은 과다로 섭취할 경우 여러 질병을 일으킬 수도 있다고 여러 차례 해외 연구에서도 밝혀냈다.

❖ 칼슘(Calcium, Ca^{2+})

추출 과정에서 가장 큰 영향력을 행사하는 이온이자 물의 경도에 큰 한 축을 담당하고 있는 요소이다. 칼슘은 인산과 반응한다. 포밍(forming)을 촉진시켜, 수소 이온의 방출을 담당하는 동시에 pH mash 를 떨어뜨린다. 낮춰진 pH는 알파-아밀라제, 베타-아밀라제 그리고 단백질 분해 효소를 제공하는데 있어 매우 중요하게 작용한다. 칼슘은 HCO_3^-(bicarbonate)와 함께 일시 경도에 영향을 미친다. 일시 경도는 한번 끓이면 제거된다. 하지만 계속 잔존해있다면 영구 경도에 속하며 경도에 관한 것은 수질 관리 또는 부록편 먹는 물수질 관리 참고사항에서 자세히 다루겠다.

식품 영양학적으로는, 칼슘은 비타민 C와 함께 가장 잘 알려진 영양소이다. 체내 골격과 치아를 형성하고 혈액의 응고를 촉진, 근육의 수축 및 이완 작용 등 뼈 건강과 밀접하게 관련 있다. 알려지진 않았지만, 세포들이 서로정보를 주고받도록 도와주는 기능도 있다고 한다.

또한, 칼슘은 다량 무기질이라고도 불리며, 이는 체내에 항시 5g 이상 있어야 하고 음식이나 다른 공급원을 통해 하루에 900mg씩 보충해야 하는 것을 의미한다.

❖ 마그네슘(Magnesium, Mg^{2+})

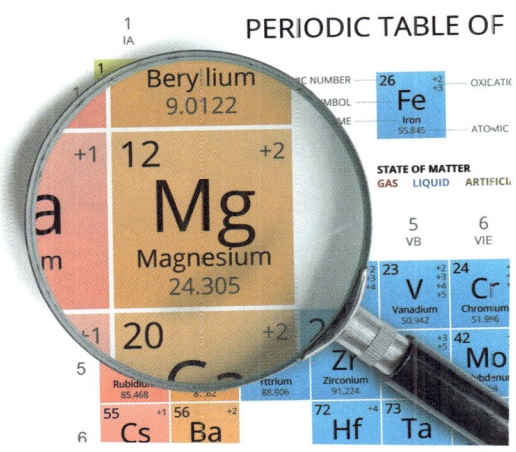

마그네슘 이온은 물 속에 용존되어 있을 때, 칼슘과 유사한 역할을 하나 영향력이 다소 적은 편이고, 물의 경도에도 영향을 미친다. 비록 소량이지만 (10~20ppm), 효모 영양분을 만드는데 있어 중요한 역할을 하지만 50ppm 이상일 시, 쓴맛을 발생시킨다. 125ppm 이상일 때, 완화제와 이뇨제 효과를 낸다고 알려졌다.

생리 작용으로써, 근육과 신경의 흥분 억제를 담당하고 당질 대사 효소의 조효소 및 구성 성분의 역할을 하며 부족할 경우에는 신경계의 자극 감수성 촉진과 혈관 확장 및 경련 증상을 유발시키기도 한다.

❖ 나트륨 (Sodium, Na⁺)

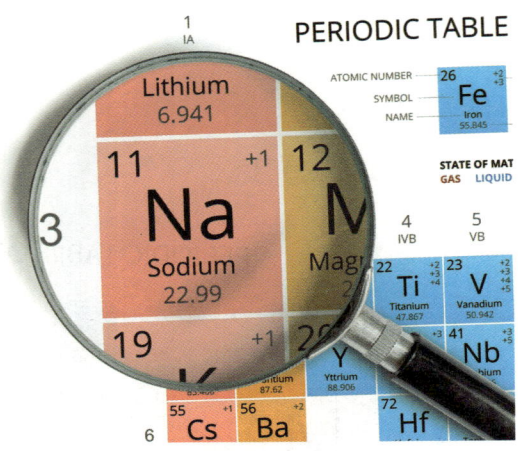

나트륨 이온의 화학 효과는 미미하다. 오히려 맥주에서의 단맛을 상승시키도록 한다. 75~150ppm에서는 부드러운 촉감과 단맛을 강조하여 황산 이온보다 염화(chloride) 이온과 결합했을 시 이 맛을 가장 극대화 시킨다. 200ppm 이상일 시, 맥주에서는 짠맛이 난다. 또한, 황산이 내재되어 있을 때는 불쾌한 쓴맛을 만들어 낸다.

자연계에 널리 분포된 알칼리 원소인 나트륨은 자연 상태의 지하수에 비교적 많이 용해되어 있고, 나트륨의 농도가 높으면 심장기관, 고혈압 질환을 가진 사람에게 해롭다.

❖ 칼륨(Potassium, K⁺)

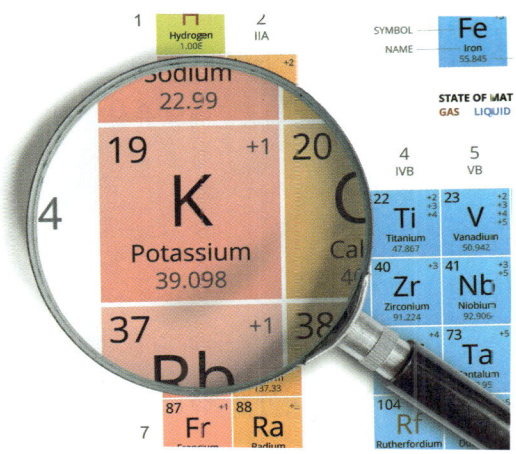

 나트륨과 마찬가지로, 칼륨은 짠맛을 낸다. 맥주 제조 시, 10mg/L 이상일 경우에, 이스트의 성장을 촉진시키고 몇 가지의 mash 효소를 억제시킨다.
 생리 작용으로써는 혈액 및 체내의 산 알칼리 평형을 올바르게 유지시켜 조직이 산성화 되는 것을 방지하며 근육 수축에 필요한 미네랄로서 심장 기능, 특히 신장 맥박을 정상으로 유지시킨다. 체내 조절 작용으로써는 칼륨과 나트륨의 비율이 2:1이 가장 적절한 것으로 알려져 왔다.

미네랄은 다른 음식에서도 영향을 끼칠까?

 각기 다른 성질로 맛에 영향을 끼치는 미네랄 이온은 물 맛에도 영향을 끼칠 뿐만 아니라 실생활에서 조리하는 식품군에도 유사한 영향을 미친다. 지금부터 하나씩 살펴보기로 하겠다.

❖ 요리

 '산과 센물은 탄탄함을 유지해 주고, 소금과 알칼리성은 빨리 무르게 한다.'
 과일 및 채소를 조리할 시 세포벽이 용해되면서 연해지는 상태는 조리 조건에 강하게 영향을 끼친다. 헤미 셀룰로스는 산성 조건에서 잘 녹지 않으며, 알칼리성에서는 쉽게 녹는다. 산성 용액(토마토 소스, 과일 퓨레 등)에서 익힌 과일과 채소는 여러 시간 익혀도 여전히 탄탄한데, 중성의 끓는 물에서는 똑같은 채소가 10~15분 정도 익히면 물러지고, 알칼리 용액에서는 금세 곤죽이 되어 버린다.
 채소를 데칠 때 물에 소금을 타면 채소가 금방 풀이 죽는데, 그것은 외형적으로는 과일과 채소 세포벽 속의 접착제 분자들을 교차 결합시켜 고정시키고 있는 칼슘 이온이 소금의 나트륨 이온으로 대체되며, 그에 따라 분자간 교차 결합들이 파괴되고 헤미 셀룰로오스가 용해되는데 도움을 주기 때문이다.
 반면에, 알칼리성이지만 수돗물은 물 속에 녹아 있는 칼슘이 접착제의 교차 결합을 강화시켜 과일과 채소를 물러지는 것을 지연시킨다. 예를 들어, 찜, 부침, 구이같이 채소를 물에 담그지 않고 익히는 경우에는 세포벽이 다소 산성을 띠는 세포액에만 노출되어, 따라서, 동일한 조리 시간이라면 삶은 채소가 좀

더 탄탄할 것이다.

 채소를 토마토 소스에 넣기 전에 맹물에 미리 익힌다거나, 알칼리성인 베이킹 소다를 조금 타서 센물을 보완하는 방법 등을 추천하므로, 각 요리 과정을 미세하게 조정할 수 있을 것이다.

끓이기

녹색 채소를 끓일 때 조리 국물의 pH와 녹아 있는 미네랄 구성을 알면 좋다. 중성이거나 약 갈칼리성(pH 7~8)이 이상적이고, 지나치게 센물은 산성으로 인해 엽록소의 색이 칙칙해진다. 또한, 산과 칼슘이 물러지는 속도를 지연시키므로, 피하는 것이 좋다.

→ 조리 국물의 염도를 바닷물의 염도(3%, 물 1L 당 30g)에 맞추면, 빨리 무르면서도 세프 내용물의 유출을 줄일 수 있다.

❖ 제빵

 기본 도우(dough)를 만들 때, 사용하는 물의 화학적 구성을 알면 도우의 성질을 파악하는데 도움이 된다. 물이야말로 가장 본질적인 요인으로, 도우에서의 물은 전체 반죽의 약 40%를 차지한다.

 물은 글루텐 조직 형성에 꼭 필요하여, 도으 반죽의 농도에 지대한 영향을 끼친다. 또한, 반죽이 부풀어 오르는 것과 전분이 젤라틴화할 수 있도록 도와, 빵이 잘 소화될 수 있도록 만든다.

 산도가 높은 물은 글루텐 그물 조직을 약화시키는 반면에 알칼리성 물은 강화시킨다. 경수는 칼슘과 마그네슘의 교차 결합 유도 효과로 인하여 탄탄한 반죽을 만든다.

 그리고 물의 비율도 도우의 농도에 영향을 끼친다. 가스가 잘 포집되는 탄탄한 도우를 만들 때는 보통의 중력분을 사용하는데, 이 때의 물과 밀가루의 적정 비율은 65:100이다. 물을 적게 넣으면 더 탄탄하고 잘 펴지지 않는 반죽이되며, 빵이 더 치밀해진다. 물이 많으면 말랑말랑하고 탄성이 떨어지는 반죽이되며, 성긴 질감의 빵이 된다. 예를 들면, 치아바타 반죽은 밀가루 100에 물이 80 이상(전체 무게의 수분이 40%)이다. 고단백 밀가루는 중력분보다 물을 3분의 1정도 더 많이 흡수하기 때문에 물의 비율과 그에 따른 질감은 사용되는 밀가루의 성질에 따라 다를 것이다.

그렇다고, 많은 양의 물을 사용하는 것이 적절한 방법은 아니다. 식빵은 점점 작고 플랫하게 구워질 것이고, 빵(bread crumb)의 세포 조직은 점점 커질 것이며, 빵 껍질(crust)의 색은 점차 희미해 지고 부드럽지 않고 점점 축축해 질 것이다. 물의 양이 너무 적으면, 빵 껍질은 질기고 마른 느낌이 들 것이다.

> 무기염이 글루텐 조직을 강화시키므로, 반죽에는 약 알칼리성이 가장 유용하게 쓰인다.
> 경도가 180ppm이상일 경우에는, 글루텐 조직이 뻣뻣하여 발효되는 속도가 늦어지는 반면에, 경도가 120ppm이하일 경우에는, 도우 반죽이 끈적거린다.
> 이런 경우에는 외형상 도우가 평소처럼 보일지라도, 물의 사용량을 줄이고, 도우가 부풀어 오르는 동안에 CO_2 함량을 평소보다 줄여야 한다.

※물의 pH 가 빵 반죽에 영향을 미칠까?

전반적으로 산(acids)은 빵의 향미(flavor)와 맛(Taste)에 영향을 미친다. 산은 식품의 관능적인 특성과 연관성이 크고, 알칼리는 pH 8보다 클 경우에 산이 중화된다. 만약, 환경이 알칼리성으로 될 때, 이스트 활성도와 락틴 산 박테리아는 약해진다. 효소 활성도는 산성이 매우 강할 경우에 좋지 않다. 이들의 최적인 pH는 이스트오 락틱 박테리아가 4.0~5.5인 경우이다

❖ **맥주(Beer)**

대중적으로 마시는 음료 중의 하나인 맥주도 미네랄 이온 상태에 따라 맥주 맛이 좌우된다. 커피만큼이나 맥주를 제조 할 때도, 물이 차지하는 비중은 매우 크므로, 물에 내재된 다양한 미네랄 이온의 조합은 맥주의 향미(flavor)에 깊이 영향을 끼친다. 물은 맥주 제조 과정 중의 mashing(담금)과, hop utilization(홉 이용) 및 yeast performance(발효시, 이스트 성능)에 중요한 역할을 하기 때문이다.

그럼 물과 궁합이 맞는 맥주 스타일이 있을까?

필스너 스타일의 맥주는 체코 필스너 도시의 이름을 따서 지어졌다. 단물(연수)은 미네랄의 양이적은 편이여서, 옅은 컬러, 클린한 쓴맛을 가진 라거 맥즈

를 생산하기에 적합하다. 영국의 Burton on Trent 지방에서는 센물(경수)은, 즉, 칼슘, 탄산염, 황의 함량이 높아 유니크한 홉을 가진 영국 페일 에일 맥주를 생산할 수 있다고 한다.

독일에서는 high roast acids malt로 만든 진한 다크 맥주를 마신다면 더블린 지방 특유의 소량의 미네랄이 야기시키는 맛을 극복할 수 있을지 모른다. 분명한 것은 타 음료에 비해 맥주는 그 지역의 수질을 재차 확인하고 제조해야 한다는 것이다.

아래 표는 추출하는 물에 따라 맥주의 특성이 바뀐다는 것을 보여준다.

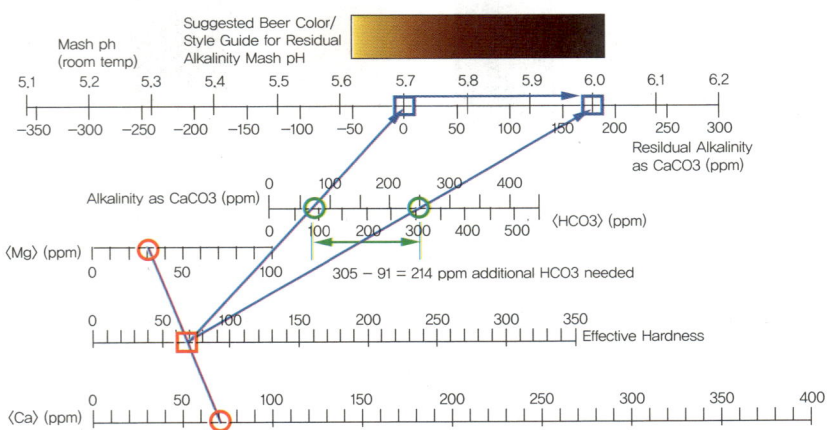

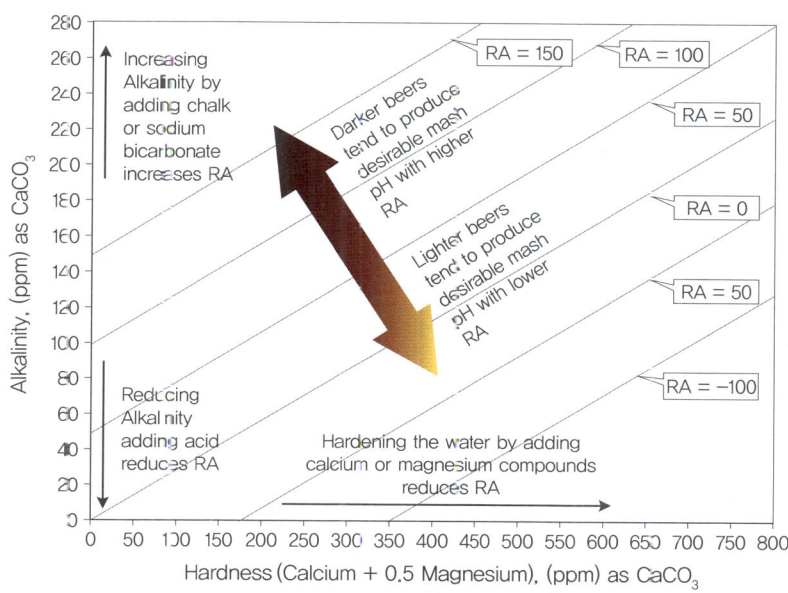

    맥주 제조 추출수는 주로 칼슘, 황산염, 나트륨, 염화물, 탄산염 그리고 마그네슘으로 구성되어 있다. 전체 알칼리도는 곡물을 사용하는 mashing 과정에 pH를 조절하는데 있어 중요한 역할을 담당한다. 맥주 제조 시 사용되는 주된 이온들의 특성을 참조하여, 도움 되길 바란다.

이온	특성
칼슘 (Calcium)	• mashing 과 이스트 성장에 도움을 주며, mash acidification 에 주된 역할을 함 • mashing 때는, 80~100ppm 으로 조정 • 100ppm 정도는 아주 바람직한 상태이고 50ppm 이하일 경우는 주의 요망. • 50~150ppm 범위는 브루잉에 적절한 정도
황산염 (Sulfate)	• 물에 황산염이 부족할 시, 칼슘을 넣어서 칼슘 황산염을 만들 수 있음 • 홉의 쓴맛과 상쾌함에 영향을 줌
나트륨 (Sodium)	• 100ppm 이하에서는, 몰트의 단맛을 두드러지게 함 • 일반적으로 중~중하 수준의 레벨로 유지시켜 75~150ppm 에서는 부드러운 측감과 단맛을 강조하여 황산 이온보다 염화 이온과 결합했을 시 이 맛을 가장 극대화시킨다. • 고농도일때는(200ppm 이상), 신맛(sour)과 짠맛(salty)을 냄

이온	특성
칼륨 (Potassium)	10mg/l 이상일 경우에 이스트의 성장을 촉진시키고 몇 가지의 mash 효소를 억제시킨다.
염화물 (Chloride)	• 맥주의 향미(flavor)를 두드러지게 하며 100ppm 이하에서는 주로 라이트한 맥주, 최고 300ppm 까지는 다크 맥주 제조하는데 일조함
탄산염 (Carbonate)	• 산도를 낮추고 pH 를 높이는데 알칼리성을 위한 완충작용을 함 • mash 과정 때, 쓴맛과 어두운 색을 내고 탄닌이 나오게 함
마그네슘 (Magnesium)	• 경수를 만드는 이차적 산물 • 이스트 성장시키는 것과 맥주 향미를 더 좋게 하기 위해서 소량(10-30ppm)이 필요하고 50ppm 이상일 시, 떫은 맛을 내고 125ppm 이상 일 때, 완화제와 이뇨제 효과를 낸다.

❖ 와인(Wine)

맥주 뿐만 아니라, 와인 역시, 이전과는 다르게 많이 대중화된 음료이다. 다양한 종류와 제조법으로 대륙 및 산지의 특성을 반영하여 애호가들 사이에 꾸

준히 음용되고 있다. 맥주는 곡물이 베이스인 반면에, 와인은 과일 즉 포도를 사용하여 제조한다. 제조 방법에는 큰 차이가 있지만, 이 둘 사이의 공통점은 물을 사용한다는 것이다. '물'이 차지하는 비중이 결코 적지 않다. 일반적으로 생수나 끓여서 식힌 물보다 산에서 떠먹는 약수가 맛있다고 하는 이유는 칼슘, 마그네슘, 나트륨 등의 미네랄 이온들이 녹아져 있기 때문이다. 오랜 기간 동안 용존된 깊은 대수층에서 물을 얻을수록 더욱 다양하고 복잡한 미네랄을 함유하고 있다. 앞서 언급한 대로, 미네랄이 내는 물 맛은 쉽게 설명된다. 하지만 와인 속의 미네랄은 표현하기 어렵고 약간의 다른 뉘앙스를 풍기기도 한다. 좋은 와인을 만들기 위해서는 물론 포도가 중요하고 재배 환경이 직접적인 영향을 미치게 되지만, 지하의 토양 조건에 따라 와인의 맛과 품질에 영향을 주게 된다고 한다. 다시 말하면, 먹는 물도 토양이나 기후 조건(테루아르)이 중요하여, 결국은 물 맛과 품질에 영향을 주는 미너랄 성분은 그 테루아르에서 기인하는 것이다.

　프랑스와 이태리 등의 전통 생산지에서는 와인 속의 미네랄은 포도밭 속의 미네랄과 같다고 말한다. 깊은 뿌리를 지닌 포도가 더 깊은 곳의 다양한 미네랄을 흡수하여 떼루아르를 만든다고 생각하기 때문이다. 그래서 한잔의 와인을 마신다고 하여도, 그 지역의 토양 및 기후 등 모든 지형적 조건 등을 반영한다고 여긴다. 그러므로 이러한 숙성 잠재력을 키워준다는 점에서 미네랄은 브랜드 가치, 과실에서 나오는 향미, 숙성 조건보다 앞서는 품질의 기준이 되었다.

　물론 위 설명에 반대하는 사람들도 있다. 토양 속 미네랄이 그대로 포도로 전달될 가능성은 낮고, 설령 저장되어 있다 하더라도 사람들이 느끼는 미네랄 농도는 개인별로 역치값이 존재하기 때문에 판별하기 어렵다고 말한다. 실제로 미네랄의 특성은 신세계보다 구세계의 와인에서, 레드 와인보다는 화이트 와인에서 주로 언급된다. 구세계의 포도가 신세계에 비해 덜 익기 때문에 산미가 높으며, 산미가 높아질수록 미네랄 맛이 강해지므로 낮은 온도로 마시는 화이트 와인에서 미네랄 향미를 보다 깊게 느낄 수 있다고 말한다.

하지만 지역별로 물 맛이 다르며 같은 농작물이라도 재배한 토양에 따라 맛이 다른 점에서 와인의 풍미를 느끼는 과정에 미네랄은 현저하게 영향을 끼친다고 볼 수 있다. 결국 와인 속 미네랄은 '토양' 자체 '테루아르'의 맛 이라기보다 모든 전체적인 프로세스에 가해진 노력의 산물에 더해진 와인의 복합성에 영향을 끼치는 요인이라고 할 수 있을 것이다.

❖ Casual Talk!

> ▶와인과 실험: 토양 성분이 와인 풍미에 미치는 영향
> 랜달 그레엄은 다양한 종류의 돌멩이를 가지고, 통에 담가 와인에 그 향이 충분히 베이게 하였다. 화강암, 자갈, 검은 점판암 을 사용하였는데 그 결과 pH가 0.5~0.7 정도 증가하여 보통 와인보다. 높은 pH 3.5~4.2를 지녀, 산도를 낮추어 와인이 주는 전체적인 향미를 다르게 느끼게끔 하였다.
> 위 사례처럼, 미네랄은 과실 풍미를 감소시켜 적당한 농도의 미네랄은 다른 밀도감을 주고 맛의 복합성과 지속성을 증가시킴으로써 넓은 의미로 맛의 잠재력을 확장시켜 주는 역할을 한다.

Part.04

물은 다양하고,
선택은 우리의 몫이다

―――

생수는 다양한 종류로 소비자 선택의 폭을 넓히고, 정수 필터는 보다 전문화된 기능으로 커피 시장에서 주목을 받고 있다. 제품의 영역이 넓어지면서 우리의 선택은 현명하고 엄격한 기준에 따라 커피에 적합한 물을 선택하는 것이다.

결국 물은 선택이다? 물의 종류부터 알고 적용시키자

지금까지 물의 이화학적 특성과 물속에 함유된 미네랄이 음료 및 음식의 향미에 끼치는 영향에 관해 알아보았다. 그렇다면, 과연 어떤 물을 선택하는 것이 최적의 결과물을 보장해 줄까? 정확한 정답을 내리기엔 다소 무리일 수도 있으나, 여러 방향에서 본 가이드라인은 존재한다. 우선 시중에 판매 중인 다양한 종류의 물과 점점 진화하는 물의 정수 과정에 대해 살펴보도록 한다. 식수로 선택하거나 추출수로 사용하거나 이 모든 것은 본인이 궁극적으로 바라는 결과물에 따라 달라지며 판단은 각자 몫이다. 맛의 선호도에 기반을 둔 개인의 취향이지만, 분명한 장점 및 단점이 존재하기에 물을 선택하기 전에 기본 배경 지식을 쌓는 것이 도움이 되리라 생각한다.

❖ Tap water (수돗물)

국가별, 지역별로 가장 큰 차이를 보이는 것이 바로 수돗물이다. 지형적인 원천의 형태와 정수 과정과 정부의 수질 개선 정책으로 인해 다량의 미네랄 및 부유 물질이 녹아 있어 예전보다는 몸에 해롭지는 않다고 사료된다.

다만 식수로 음용하려면 사용하는 지역의 수질을 꼼꼼히 살펴보고, 염소 성분을 제거하기 위해 끓여 먹을 것을 권장한다. 부록 편에 우리나라 지역별 수질을 추가하였으니 참고하도록 한다.

❖ Distilled water (증류수)

　자체적으로 미네랄이 용존 되어 있지 않은 물이다. 증류수를 마시는 것은 몸에 해롭다고 하지만 이는 사실이 아닌 것으로 밝혀졌다. 증류수에는 하나의 단일 세포들이 결국 수도관을 파열한다고 알려졌기 때문이다. 이는 세포 안팎의 염분 농도와의 평형을 유지시키기 위해 세포막이 물을 관통하여 물이 세포 내로 자유롭게 흐를 수 있도록 만들므로, 세포에는 결국 다량의 물이 필요하고 너무 방대해졌을 때는 자체적인 내부 압력으로 인하여 멤브레인 등의 배관 시설을 파열한다. 그러나 인간 신체에는 이들을 예방하는 메커니즘이 존재하고, 위 작용에 손상을 받을 만큼 휘둘리지도 않는다. 그래서 증류수를 마시는 것은 건강에 크게 해를 끼치지는 않는다고 할 수 있다. 하지만 커피 추출에 있어서 증류수는 오히려 미네랄이 용존되어 있지 않은 물이기 때문에, 매우 단조로운(flat) 맛 또는, 흐릿하고 칙칙한(dull/ boring) 맛을 낸다고 기존 선행 연구 결과에 보고된 바 있다.

❖ Bottled water (생수)

　가격이 부담스럽긴 하지만, 음용 시 맛은 좋은 편이다. 약간의 미네랄(라벨에는 항상 칼슘, 마그네슘, 나트륨, 칼륨이 표기되어 있음)이 용존 되어 있어, 맛 자체로만 본다면 증류수보다는 훨씬 더 훌륭하다. 음료를 추출할 시 미네랄 함량을 잘 살펴보고 미네랄 자체의 맛이 음료의 맛을 제압하지 않도록 조정하는 것이 필요하다.

❖ Filtered water (정수된 물)

혹자는 가장 현명한 선택이라고 한다. 물의 중요성을 머신 보호 측면뿐 아니라 음료 맛에도 직접적인 영향을 미친다는 거시적인 생각으로 접근함으로써, 필요성과 책임감이 더해진 날로 진보된 필터 소식을 접할 수 있다. 필터 업계의 기본적인 정수 프로세스는 나쁜 맛을 끼치는 유해 요소들(염소, 대부분의 미생물, 침전물 및 기타 부유 물질 등)을 우선적으로 제거하고 건강하고 맛 좋은 물을 제공하고자 한다. 다양한 종류의 정수 필터가 성행 중이다. 대중적 시스템 프로세스와 그에 대한 장/단점에 관해 알아보고 최종 선택은 본인의 몫이다. 주변의 기류에 맞춰 나도 선택하는 것이 아니라, 필터 속성을 파악하여 음료의 질을 어떻게 부각시킬 것이라는 판단력이 정확한 신뢰감을 준다. 따라서, 커피 전문점에서 추구하는 방향과 커피 향미에 따라 필터 시스템이 달라질 수 있다. 점차적으로 필터에 관한 관심도가 증대되어, 필터 회사는 고객 요구에 맞춰 주문 제작해주는 필터도 구비되어 음료의 맛과 품질을 개선할 수 있다고 전했다.

다만, 필터를 설치한다면 주기적으로 바꿔줘야 한다는 것을 잊지 말아야 한다. 본인이 매일 마시는 음료의 맛이 변했다면 기타 다른 변수보다는 제일 먼저 필터의 수명 및 교체 주기에서 오는 수질 문제에서 나올 가능성이 크다는 것도 항상 염두에 둬야 할 문제이다.

1) Water treatment system(수질 관리 체계)

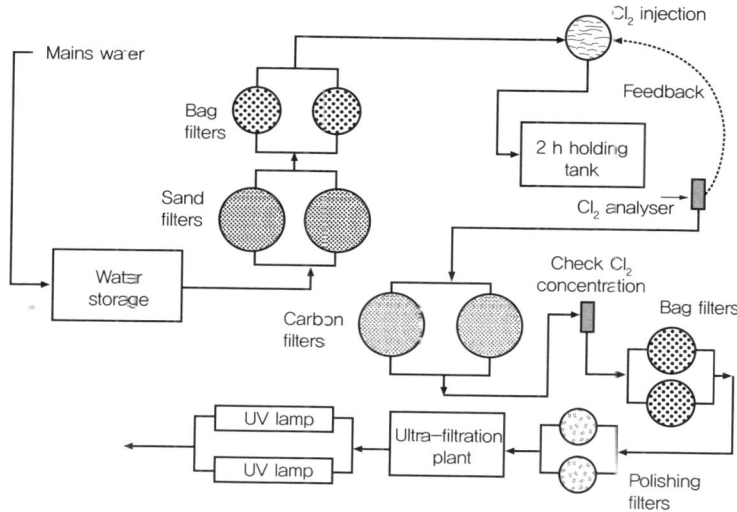

Figure 4.1 Typical water treatment system schematic
〈출처: Carbonated Soft drinks: formulation and manufacture, David steen(2006)〉

위의 도표처럼, 전반적인 수질 시스템은 물의 염소 처리 과정부터 시작한다. 주로 유해한 미생물을 제거하기 위한 것으로, 카본 필터는 그 이후에도 남아있는 염소의 잔여 물질을 제거하기 위해 주로 사용된다. 최종적으로 물은 UV 램프 아래로 흘러가 마지막 살균 처리를 확실하게 끝낸다. 두 세트의 램프가 존재하는데, 한 세트가 정수 과정에 사용되면 그 다음에는 두 번째 세트가 작동되어 서로 번갈아 사용된다. Ultrafiltration(초미세 여과)과 나노 여과 및 역삼투압 장치는 입자 크기에 따라 다양하다. 일반적으로 역삼투압은 0~1nm 범위 내에서, 나노 여과는 0.6~5nm, 초미세 여과는 1~200nm, 마이크로 필트레이션은 100nm 이상에서 사용된다. 다공의 크기가 작을수록, 분리

시키는 데 필요한 압력이 높아진다.

2) Alkalinity reduction (알칼리 감소)

제품 내 알칼리도가 높으면 음료의 맛과 산도에 영향을 끼친다. 물속에 용존 되어 있을 때, 알칼리는 쓴맛을 내므로, 탄산칼슘 기준으로 봤을 때, 알칼리도는 100mg/L 정도로 조절하는 게 필요하다. 알칼리도는 원천적으로 칼슘과 마그네슘 이온으로 인해 생기는 경도와 관련 깊으며, 알칼리도는 pH와도 연관되어 있으나, 교체되어 사용하면 안 된다. 다음은 대중적으로 많이 쓰이는 필터들이다.

① Sediment filter

수돗물에는 가끔 먼지, 파편 조각들, 모래 및 기타 유기물 등이 포함되어 있다. 위 필터는 이런 잔해들이 막히는 것을 예방하고 처리하는 것이다. 물론 다른 것과 마찬가지로, 긍정적인 점과 부정적인 점이 있다. 이 필터는 이물질들이 물속에 떠다니는 것을 잡아내지만, 정확한 물의 경도나 이취 문제까지는 잡아내기는 힘들다.

에스프레소 머신이나 추출 기구 둘 다 적용 가능하지만 에스프레소 머신에는 연수가 낫다. 위 필터는 물의 경도가 문제가 되지 않는 지역에서 사용할 수 있을 것이다.

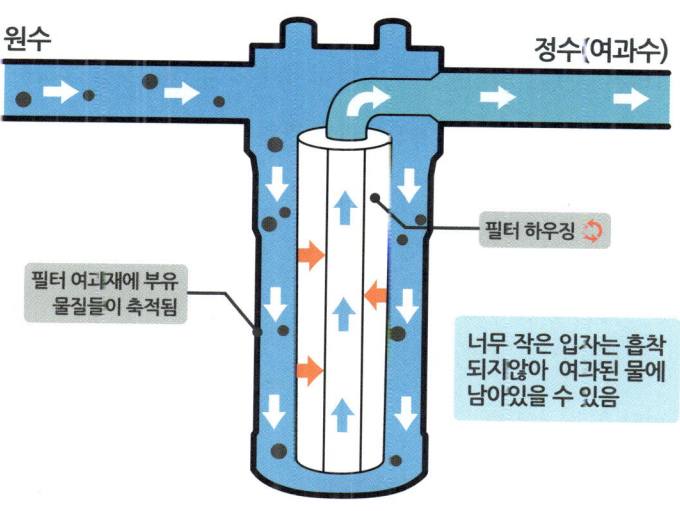

정수의 핵심은 필터이다. 일반적으로 4가지의 필터가 나뉜다.
① 세디먼트 필터: 물 속의 부유 물질 등 비교적 큰 물질들을 제거
② 프리 카본 필터: 염소, 농약 등 휘발성 유기 화합물 제거
③ 로 멤브레인(RO membrane): 유기 및 무기 오염 물질, 세균. 바이러스 등 이온성 물질 제거
④ 포스트 카본 필터: 은첨활성탄의 소재로 항균력 증가, 물 냄새 제거 등 맛 향상

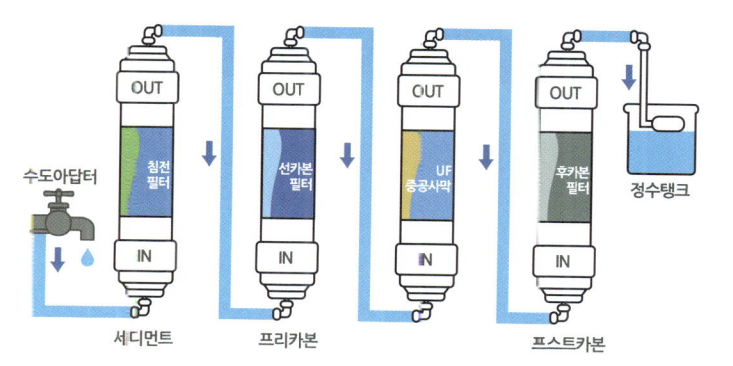

② Carbon filter(카본 필터)

 카본 필터는 다공성 활성탄을 이용하여 물속의 유기물 등을 흡착하여 저장하는 역할을 한다. 염소처럼 맛과 이취에 관련된 유기물을 잡고 표면에 있는 모든 입자를 산화시킨다. 맛과 향을 개선하고, 세디멘트 필터처럼 물은 연수화 하지는 않지만, 에스프레소 머신과 추출 기구 둘 다 사용 가능하여 다방면으로 사용된다는 장점이 있다.

a) 카본 필터 종류: 충진형

*내부에 활성탄 알갱이를 채운 형태로 알갱이들 사이로 물이 빠져나가면서 오염 물질들이 제거된다

b) 블록형

*활성탄 가루를 열과 압력을 통해 압축하여 만든 형태로 채널링 현상이 적고, 오염 제거율이 높고 수명이 길다.

③ Ion exchange system(이온 교환 수지)

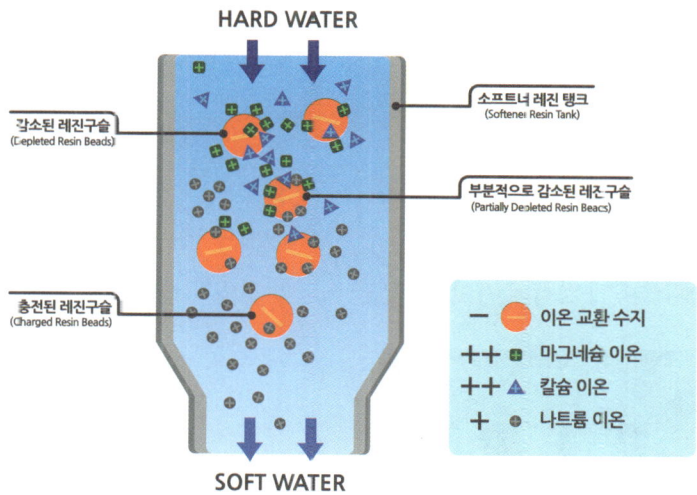

 이온 교환 수지는 흔히 연수기의 원리랑 매우 비슷하다고 생각하면 된다. 물속의 칼슘과 마그네슘 이온을 흡착 및 제거하여 나트륨 이온으로 교환하는

것이다. 원수에 있는 경도 성분을 이온 교환수지를 이용해 흡착하고 나머지 부드럽고 나트륨이 많은 매끈한 물로 만드는 것이다. 즉, 물의 경도를 낮춰주는, 경수에서 연수로 바꿔주는 기능을 한다. 에스프레소 머신에 적합하나, 필터를 사용하는 커피 추출 기구에는 그리 추천하지는 않는다. 하지만, 최근의 정수 필터의 진보된 성능으로 다양한 필터를 결합하여 만든 제품이 출시되어 이목을 끌었다. 기존의 활성탄 필터에 수소 이온 결합 수지 및 나트륨 이온 교환수지를 장착시켜 최대 정수 필터 3개를 원하는 커피에 맞추어 손쉽게 사용할 수 있는 멀티형 워터 시스템이다. 각 이온의 특성을 살린 필터에 내가 추구하고 적합한 커피 맛을 살릴 수 있도록 만든 것으로 기기 보호부터 맛까지 집중할 수 있도록 도와줄 것이다.

또한, 카본 필터에 이온 교환 기술력을 접목시킨 올인원 제품으로 7단계의 바이패스 기능을 사용하여 TDS 및 알칼리, 경도와 pH를 보다 정교하게 컨트롤함으로써 이상적인 커피와 물의 조합에 근접할 수 있도록 많은 도움이 될 거라 생각한다. 이처럼, 정수 필터 제품도 점차적으로 진화되고 성능이 강화된 제품이 출시됨으로써 물에 관한 이해도를 고조시키고, 커피에 맞는 물을 찾는 사람들에게 양질의 가이드라인을 제공할 것이다.

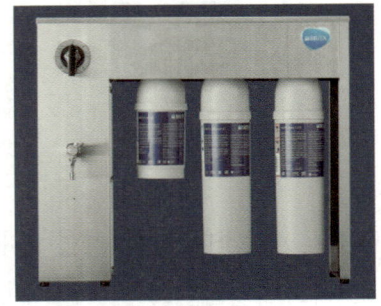

〈자료 제공: 브리타〉

〈자료 제공: 정진 에버퓨어〉

④ Reverse osmosis(R/O: 역삼투압)

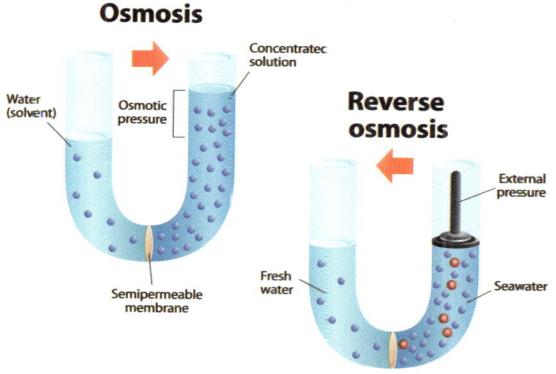

아주 미세한 구멍이 있는 역삼투막에 강한 압력을 가하여 물을 정수하는 방식이다. 삼투압 현상을 역으로 이용한 것으로, 필터 기공 사이즈가 0.00001 μ(마이크론)으로 매우 작아 수돗물을 거르기 위해서는 고압의 펌프가 필요하고, 불순물, 미립자뿐만 아니라 인체에 유익한 미네랄까지 제거하는 역기능이 있다. 너무 완벽하게 거르니 물 구성에 필요한 미네랄까지 제거하여 pH7.0 이하 산성수로써 신체 pH농도 7.3과의 불균형을 이루기 쉽다. 물맛이 밍밍할 수도 있어 마지막에 카본 필터를 추가하기도 한다. 또, 걸러지는 물질들이 많아 막의 기공이 금방 막힐 수 있다. 막힘 현상을 줄이고 필터의 수명을 연장하기 위해 전체 물의 약 50% 정도는 거르지 않는 방법이 있다.

⑤ Ultrafiltration(중공사 막)

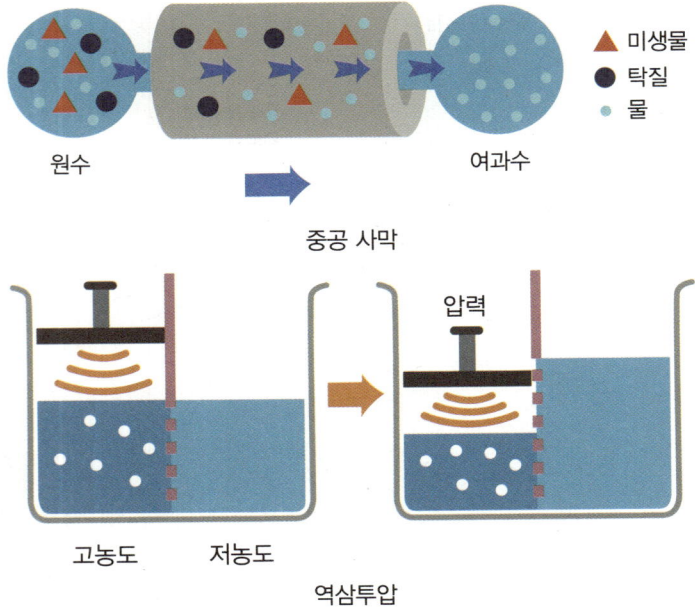

중공사 막이란, 말 그대로, 가운데가 비어있는 섬유란 뜻으로 섬유 표면에 0.01~0.1μ(미크론) 크기의 구멍이 있다. 역삼투압보다는 약간 크고 일반 세균 및 대장균 등 오염 물질을 걸러주고, 수도 직결식이어서 간단하게 만들 수 있어 가격은 상대적으로 저렴한 편이다.

위의 그림을 참조하자면, 두 가지 정수 방식의 필터는 몇 가지 장단점을 가진다.

역삼투압 방식은 물 성분 외 수중에 용존된 미네랄 등 모든 성분을 여과시키고 물을 산성화 시키는 반면에, 중공사 막 방식은 기공이 커서 세균을 걸러내는 능력은 다소 떨어진다는 점이 있지만, 몸에 좋은 미네랄은 남아있어 신체 pH능도와 동일한 약 알칼리수를 유지할 수 있다. 또한 정수량이 풍부하여 조리수 밸브를 이용하여 야채나 과일 등을 씻을 때도 사용 가능하다는 장점이 있다.

   정수 방식은 둘을 아주 미세한 구멍으로 통과시켜 불순물, 세균 등을 걸러내어 최종적으로 본인이 생각하고 원하는 조건에 부합되는 요소들을 절충시키는 것이다. 정수기의 생명은 필터로, 어떤 필터를 사용할 것인지, 전처리 필터 또는 활성탄 필터를 선택하면 되는 것이다. 정수 방식은 어떤 지역에 속하는지, 오염이 심한 곳의 지하도 근처에 근접하는지, 상수도 시설이 잘되는 대도시 인근에 거주하는지 등의 조건에 따라 부수적으로 택하면 되는 것이다. 모든 것을 만족시키는 정수 방식의 필터는 존재하지 않으므로, 최선의 조건의 우선순위어 근거해 효율적으로 선택한 후, 필터 교환 등의 사후 관리에 중점을 두는 것이 중요하다. 적기에 갈아주고, 장기간 사용하지 않았을 경우 2~3분 정도 물을 흘리고 나서 사용하는 것이 필터의 성능을 이용하는 것이다. 최종적으로 매장에서 추출되는 음료의 맛이 일정하지 않다면, 추출 관련 변수만을 고려하지 말고, 물에 사안을 두어 판단하는 것이야말로, 본질적으로 본지의 목적에 가깝다고 생각한다. 부수적인 설명은 마지막 Q&A 파트에서 다루었으니 참조하길 바란다.

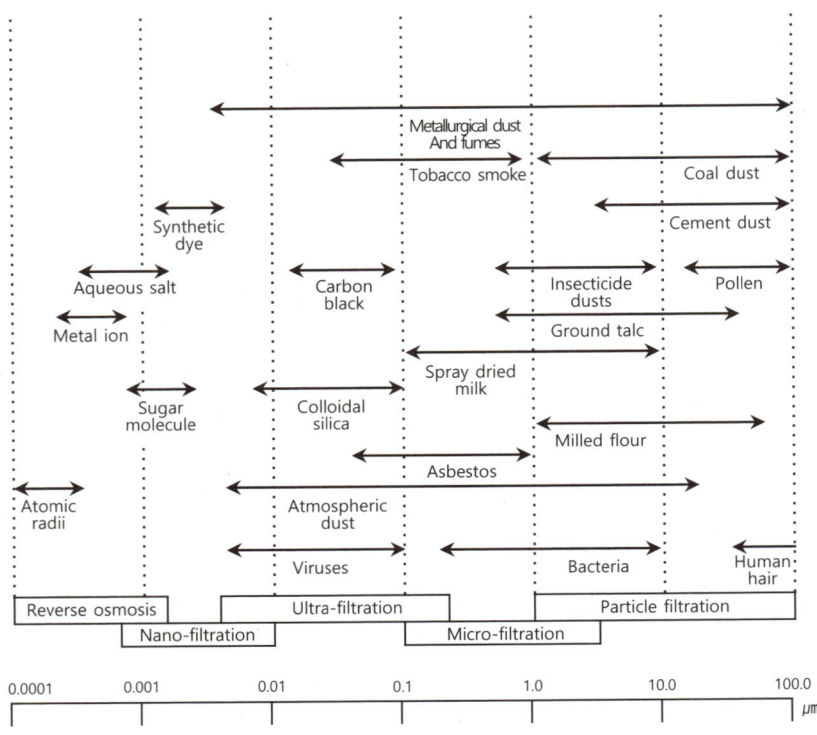

❖ Casual Talk!

※ "커피 Vs 물, 어떤 것이 잘못되었을까?

캐나다의 캘거리에서 로스터리 카페를 운영하는 세바스찬과 필은 스칸디나비아반도의 커피가 맛있다는 얘기를 듣고 직접 카페 투어를 하였다. 어느 날, 노르웨이 오슬로에서 Tim Wendelboe의 카페에서 가장 약하게 볶은 커피를 마셨는데, 이는 여느 커피보다도 캐릭터 발현이 잘 되어 매우 만족스러운 커피였다. 그들은 팀의 로스팅 실력이 부러웠고 어떻게 이런 맛을 내는지 몹시 궁금해했다. 캐나다로 돌아와 비슷하게 로스팅(특히 약배전)을 해 보았고, 자연스러운 단맛과 산미 및 독특한 커피 향미를 위해 노력해 보았으나 계속 실패하였다. 그래서 그들은 직접 볶은 커피를 가지고 다시 오슬로에 방문하였다. 재미나게도 거기서 맛본 그들의 커피는 너무나도 맛있었다. 심지어 어떤 원두는 밸브 포장도 제대로 되어있지 않았는데 말이다. 거기서 블라인드 커피로 마셨을 때나 심지어 커핑으로 테스트해봤을 때도 이전과는 다르게 맛있어 매우 놀랐다. 밤새 테스트를 해보고 고민하던 중, 예전에 잠깐 배웠던 기초적인 물의 화학 분야가 떠올랐다. Titration test(적정 실험: 산-염기의 적정 테스트)와 지역 연구소에서 행한 우리 도시의 상수도 분석 등으로 마침내 캘거리와 오슬르 두 도시의 물의 특성 및 차이점을 발견하였다. 오슬로의 물은 연수였던 것이다. 그리고 물 속에 내재된 칼슘과 마그네슘은 오슬로의 탄산염보다 2배 정도 높아, 즉 탄산염이 커피의 산미를 인지시키는데 완충작용을 하였던 것이다. 그리하여 거기서 마셨던 커피가 맛 좋고, 밝고 과일 같은 산미를 내는 것이다. 이후 세바스찬과 필은 한 단계 더 나아가 로스팅 프로파일을 새로운 물이 적용해 커피를 만들었다. 하지만 그들에겐 더 큰 의문점이 생겼다. 커피 로스팅의 기초를 이해하는 데 있어 로스터들은 거주지의 물로 커피를 만드는데 과연 그 물을 인지했는지, 새로운 시도를 꾀하는지, 고객이 사는 지역의 물을 기반으로 하여 소비자가 원하는 로스팅으로 조절해야 하는지, 물의 기준을 어디까지 맞춰야 하는지, 과연 그 기준이라는 것을 정할 수 있는지. 오히려 질문은 꼬리를 물고 끝없이 계속되는 것이다.

    이처럼 물의 세계는 더욱 심오하게 우리에게 다가오고 있다.

탄산수의 열풍? 진실과 허구 사이에서

 탄산수 열풍이 불 정도로 탄산수의 종류는 다양해지고, 탄산수에 대한 관련 기사도 쏟아져 나온다. 수년 전만 해도 매니아 층 위주로 인기를 끌던 탄산수가 웰빙 바람을 타고 대중화되면서 가정이나 매장에서도 탄산수 제조기를 이용해 직접 만들어 마신다. 탄산수의 효능이 어디까지일까? 그리고 탄산수는 어떤 방식으로 제조되는지, 전반적인 배경을 살펴보도록 하겠다.

 탄산수란 이산화탄소가 용해된 이온화된 물을 의미한다. 이산화탄소가 용해된 지하수를 발견했다는 설도 있다. 현재 물에 이산화탄소를 인공적으로 주입하여 제조하는 것이 대중화되었지만, 탄산이 함유된 광천수(예: 초정)인지, 광천수에 탄산을 첨가한 건지(예:페리에), 정제수에 탄산을 주입한 건지(예: 트레비)에 관해 지금부터 알아보도록 하자.

유럽권에서는 탄산수가 대중화된 물로 음용되곤 하지만, 미국에서는 '기호식품'으로 인식된다. 때문에 유럽은 탄산수를 물의 종류 중 하나로 취급하고, 미국은 탄산수를 상품으로 간주하여 상업적으로 더욱더 발전했다.

❖ 역사

언제부터 탄산수를 음용하게 되었을까?

유럽의 토양은 자체적으로 석회질이 많이 섞였고, 지하수에도 많이 녹아있으며, 수산화칼슘이 함유되어, 복통을 유발할 수 있기 때문에, 탄산수를 마시는 게 상대적으로 안전하다고 한다. 탄산수가 대중화되어 유럽에서는 물을 구매할 때는 일반 물(pure water)을 따로 요구해야 할 정도다.

우리나라는 충청북도 청주시 청원구 내수읍 초정리의 천연 탄산 광천수가 유명하여, 세계 광천 학회에서의 미국의 샤스터, 영국의 나포리나스와 함께 세계 3대 광천수로 선정되었다. 초정리 소재의 약수터에서 나오는 광천수로 인공 탄산수와 비교할 수 없을 정도로 톡 쏘는 진한 농도의 탄산을 느낄 수 있어 오히려 지역 주민들은 탄산을 제거한다고 한다. 여담이지만, 맥콜로 유명한 주식회사 일화도 인근에 공장을 두고 이를 이용해 음료를 제조한다.

❖ 건강에 미치는 영향

그렇다면 톡톡 쏘는 '탄산수'는 건강에 이로울까?

타 음료에 비해, 당분이나 카페인 등의 첨가물이 없고, 의학적으로 몸에 이롭다는 효능도 역시 없다. 혹자는 탄산도 산이므로, 치아와 뼈의 칼슘을 녹여내거나 콜레스테롤을 분해하는 등의 부작용을 우려할 수는 있지만, 탄산수에 함유된 탄산의 함량은 극히 소량이기에 '악영향'도 '좋은 영향'도 딱히 없다고 본다. 시중에 떠도는 정보를 문답식으로 구성하여 사실여부를 논하고자 한다.

Q 1. 탄산수로 세수하면 피부가 좋아진다?

: pH 4.5~5.5의 약산성을 띄는 탄산수로 세안 시 노폐물 제거가 되고 피부의 탄력도가 증가한다고 알려졌으나, 일시적인 긴장감으로 마시지 효과가 있을 뿐 의학적으로 큰 차이는 없다고 한다.

Q 2. 탄산수는 소화를 촉진한다?

: 탄산 가스가 트림으로 빠져 나오면서 더부룩함이 사라지는 것 같지만, 일시적인 현상으로 소화와는 무관하다. 오히려 탄산수를 자주 마신다면, 위 식도 역류질환과 복부 불편함을 야기시킬 수 있다. 임산부가 입덧이 심할 때 입가심의 용도로는 유용할 수 있다.

Q 3. 다이어트에 도움이 된다?

: 탄산수의 이산화탄소가 포만감을 쉽게 느끼게 하고 배고픔을 누그러뜨리는 효과가 있을 뿐, 탄산수에 체지방을 분해하거나 신진 대사를 활발하게 하는 성분이 내재되어 있는 건 절대 아니다. 단지 포만감을 주어 식사량을 조절할 수 있다는 의견이 있다.

Q 4. 변비에 좋다?

: 장운동에 직접적인 영향이 없고 오히려 과민성 대장 증후군이 있는 사람은 피해야 한다.

Q 5. 술을 섞어 마시면 숙취가 없다?

: 탄산이 알크올의 체내흡수를 촉진해 간에 지나친 부담을 주고 결과즉으로 많은 양의 술을 마시게 하므로 숙취가 심해진다고 볼 수 있다.

Q 6. 미네랄이 풍부하다?

: 천연 탄산수를 마시는 것이 미네랄을 섭취하는 것이며, 탄산수 제조기로 만든 탄산수는 미네랄 함량이 낮다.

생활 속에서의 탄산수는 유용한 점도 많다?!

밥을 지으면 밥이 찰지고 윤기가 날 수 있고, 튀김이나 부침개 반죽에 탄산수를 넣으면 쫄깃하면서 바삭한 식감을 낼 수 있다. 생선의 비린내를 감소시키고, 고기를 삶을 때, 육질을 부드럽게 만들어 준다.

❖ 제조 방법

일반적으로 탄산수는 어떻게 제조되는 것일까?

우선, 시중에 판매 중인 탄산수 제조기를 사용하는 방법이 있다.

소다 스트림이 널리 알려져 있는데, 외국에서도 가정용으로 많이 사용하고 있으나, 고가의 가격과 적은 용량의 실린더를 충전하는 유지 비용이 크다는 단점이 있다.

탄산수 제조: 소다 스트림

제조하는 방법은 간단하다.

500ml 페트병에 1/3의 물을 채워 넣고 드라이아이스를 소량 넣은 후 페트병을 살짝 눌러, 공기를 빼고 뚜껑을 닫은 뒤 드라이아이스가 기화할 때까지 냉장고에 넣어두고 기다린다. 또는 차가운 물 300ml에 구연산 티스푼 1과 식소다 반 스푼을 넣고 섞어도 되지만, 위와 같은 방법은 매우 위험하니 조심해야 한다.

탄산은 일반적으로 여러 종류의 프로세스를 통해 만들어진다.

1) 발효 (fermentation)

표 1 다양한 이산화 탄소의 생산 시스템

Feedstock	By-product from	Throughput tonne/h
CO_2 from fermentation	Brewing fuel ethanol distilleries	=<8
CO_2 from solvent-based acid gas removal system	Hydrogen Ammonia Other syngas Processing Natural gas Sweetening	1-20
CO_2 rich off-gas	PSA hydrogen Mineral processing	01.-20
CO_2 lean gas	PSA hydrogen purification Direct iron ore reduction	01.-20
Flue gas	Process steam boilers Power plants Gas engines	01.-20
Oil or natural gas	N/A	0.1-1
Landfill gas processing	N/A	

〈출처: carbonated soft drinks: formulation and manufacture, David Steen(2006)〉

플로우 차트를 참조하면, 우선 주입 시 이산화탄소 가스 순도는 적어도 80% 정도, 충전 시 99.9%로 채워주며 시작한다. 이 작업은 가장 저렴하게 사용되는 이산화탄소를 원료로 하여 충분한 양을 가동시켜 제조한다.

2) 연료 가스 충전 (fuel gas recovery)

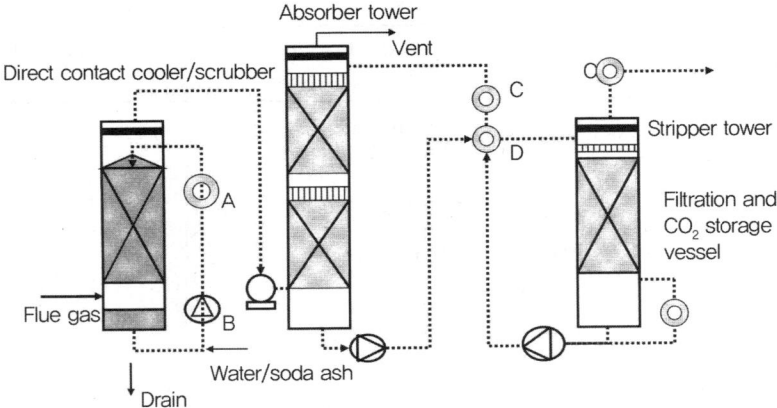

Figure 4.2 Carbon dioxide production by flue gas recovery. (A) Recirculation cooler, (B) recirculation pump, (C) cooler, (D) lean/rich exchanger.

〈출처: Carbonated Soft drinks: fomulation and manufacture, David steen(2006)〉

본 시스템은, 독립적으로 분리된 연료를 사용하여 움직인다. 이산화탄소 또는 현재 가동되는 스팀 보일러 시스템 충전을 위하여 연도 가스를 생산하기 위하여 특별히 만들어졌다. 가스 오일 또는 천연가스를 이용하고, 스팀을 소모하는 것이 가장 큰 비용이 든다. 가스 터빈은 고가의 에너지 비용을 발생시키지만, 할인율이 높아 그나마 경제적이라 할 수 있다.

3) 멤브레인 분리 시스템(membrane separation system)

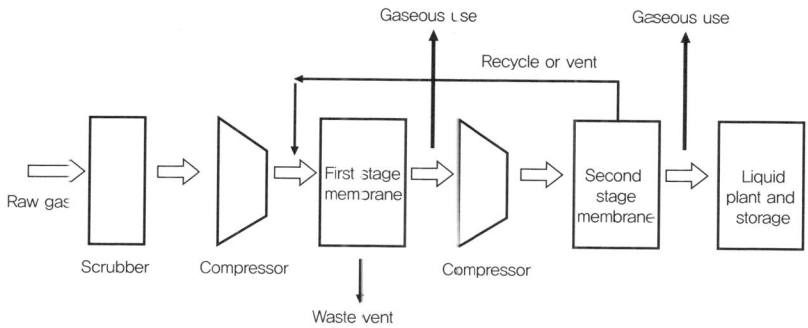

Figure 4.3 Membrane CO_2 recovery system.

〈출처: Carbonated Soft drinks: fomulation and manufacture, David steen(2006)〉

지금까지 세 가지 방법을 사용하여 이산화탄소를 제조하는 공정을 알아보았다. 다음 공정은 이산화탄소의 적합성 및 시범 기준 등을 확인한 후, 소비자에게 전달되는 과정이다.

컨테이너 안에 이산화탄소를 어떤 방식으로 충전시키는지 살펴보자. 주요 원리는 병 또는 컨테이너 기준으로 통상적으로 실행 가능한 충전율을 적용해 이산화탄소를 어느 정도 채우는 것이다. 전문적인 관점에서는, 중력을 고려한 물리적 수식이 적용되는 것으로, 대표적인 방법은 counter-pressure filler 공정으로, 역 압력차를 이용하여 충전시키는 것을 말한다.

이산화탄소를 채우기 전, 병에서 공기를 빼내는 방식에 따라 공기량을 감소시킬 수 있다. 이처럼, 전통적인 방법에서 진화하여 현재 탄산음료 제조 방법은 더욱 간소화되었다. 물론 상황에 따라 다른 종류의 방법도 사용하겠지만, 최적의 성과는 충전하는 동안에는, 충전율의 정확성이 높을수록, 제품의 품질이 최대로 잘 보존될 수 있도록 하는 것이야말로 간단하지만 정교하고 복잡한 충전 절차를 요하는 것이다. 기본적인 충전 방식은 이산화탄소로 압력을 가한 물을 이산화탄소 탱크로 끌어 올리는 것이다. 이는 펌프와 탱크 사이에 CO2 주입기를 통과시켜, 음료를 이산화탄소 대기 중으로 노출시키는 것에 비하여 가장 효율적인 방법이다.

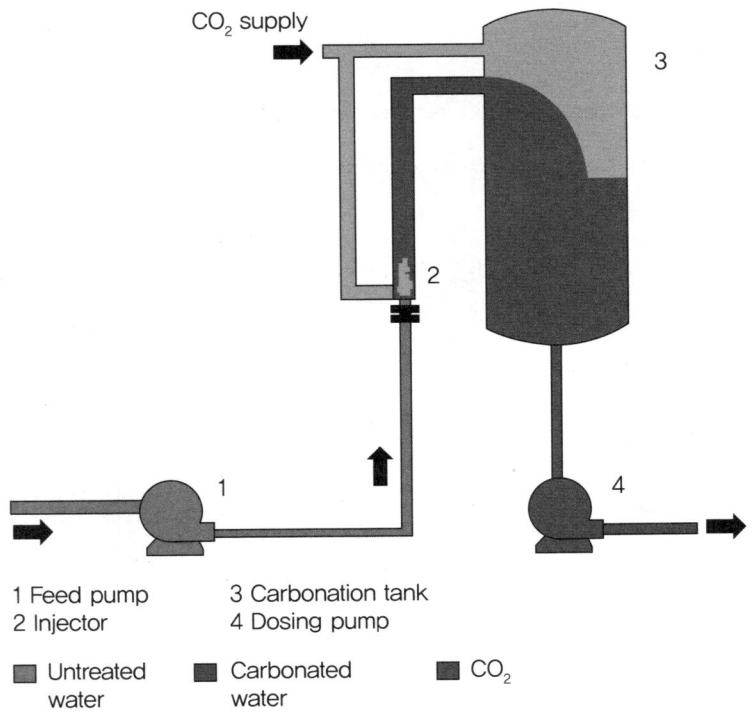

Figure 4.4 Basic carbonation system.

〈출처: Carbonated Soft drinks: fomulation and manufacture, David steen(2006)〉

새로운 물이 출시되었다: 수소수란?

물의 시장이 점점 커짐에 따라 진화된 정수 방식, 업그레이드된 필터에 이어 새로운 물이 쏟아져 나온다. 마치 물 시장에도 트렌드가 존재하는 것처럼 해양 심층수, 알칼리수, 탄산수, 그리고 산소수에 이어 출시될 것이 바로 수소수다. 이에 대해서는 좋다, 나쁘다는 의견이 분분하여, 건강에 좋은지 좋지 않은지 반드시 이 물을 마셔야만 하는 이유는 무엇인지에 관해 무분별한 정보가 난무한 실정이다.

세계적으로 알려진 기적의 물인 독일의 노르데 나우의 광산 지하수, 프랑스의 루르드 샘물, 멕시코의 트라코테 우물물 그리고 인도의 나다나 우물물의 공통점이 바르 수소수라고 한다. 과연 어떤 물인지, 정말 효과가 있는지 수소수의 원리와 특징에 관해 살펴보겠다.

❖ 정의

수소수는 크게 두 가지로 분류된다. 자연에서 나오는 천연 수소수와 특수 장치를 통해 수소를 주입한 물로 나뉜다. 거시적으로 보면, 이들은 알칼리 이온수에 포함되고, 직접 채취하거나 정수기를 통해 만들어내는 알칼리성을 띠는 전해수의 일종에 속한다.

수소, H2. 상온에서 기체 상태로 존재하며, 산소와 결합하여 물이 된다. 이런 반응을 통하여 수소는 바로 활성 산소와 결합하여 무해한 굴로 만들어 버리고, 활성 산소는 수소와 결합함으로써 해로운 점이 사라지게 되므로, 전체적으로 건강에 좋다고 알려졌다. 따라서 수소를 함유한 물은 활성 산소를 제거하는 효과를 보여준다. 수소는 금방 날아가기 때문에 수소수의 용기는 밀폐된 것으로, 알루미늄의 캔 또는 파우치를 많이 사용한다.

❖ 특징

무색, 무미, 무취이다.

물에 녹아도 변함없고, 수소가 함유된 물은 일반 물보다 입자가 미세하고 목넘김이 좋아 부드럽다고 한다. 수소가 풍부하게 녹아 있는 pH7~7.4의 중성수로써 노화를 촉진하고 활성 산소를 물로 환원시켜 제거함으로써 항산화 역할을 한다. 또한, 많이 섭취해도 인체에 축적되지 않고 여분의 활성 산소와 결합하여 체외로 배출하기 때문에 더욱 효과적인 것으로 알려졌다.

일반 물을 음용하는 것처럼, 수소는 가벼워서 공기 속으로 날아가기 때문에 수소수는 그대로 마시는 것, 가능하면 막 생성된 신선한 수소수를 마시는 것이 좋다. 자연에서 솟아나는 천연 수소수 또는 과학적으로 함유시킨 물 등이 있는데 믿을 만한 제품으로 선택하길 권한다. 중성이고 몸에 부담이 없으며 마시기 쉬운 연수에 속하므로, 충분한 수분량에 맞춰 섭취하길 바란다. 일본에서는 일찍이 출시되었지만, 우리나라는 최근에 인지도가 높아졌고 여러 업체에도 소개된 바 있으니, 커피 추출에도 적용된 흥미로운 결과가 나오길 바란다.

Part.05

그래도 정답이 있지 않을까?
(Recent report)

알면 알수록 더욱 어렵고 기준이 오히려 모호해 질 수 있다. 물은 잔잔해 보이지만, 매우 깊고 넓으며, 커피는 상대적으로 더욱 빠르게 변하며 다양해지는 것 같다. 흔들리는 기준보다는 차라리 일반적인 범위일지라도 가이드 라인을 알면 나만의 기준으로 단들기 수월할 것이다.

지금까지 커피와 물에 관한 상관성을 제기하여 물의 미네랄과 맛에 대한 연관성 그리고 이화학적인 배경과 이들의 속성에 관해 알아보았다. 과연 정답이 있는지, 많은 의문점이 제기되는 부분이지만 다른 관점으로 보았을 때 기준치 또는 허용 가능한 범위가 존재하는지 궁금했을 것이다. 그래서 마지막 파트에서는 내 물에 적합하게 맞추는 과정을 더욱 수월하게 하기 위해, 근래 연구 자료의 과학적이고 분석적인 결과물을 살펴본다. 앞으로 커피를 추출할 시 유용한 역할로 사용되길 바란다.

물의 표준 모델 정립은 마치 처음 커피를 처음 접하는 사람에게 이상적인 에스프레소의 기준이 25~30초에 추출된 25~30ml 음료라고 이야기하는 것처럼 느껴질 수도 있다. 그럼에도 불구하고 내가 사용할 물을 어떻게 풀어갈지 막막한 상황이라면, 실질적인 팁으로 알맞게 적용시킬 수 있으리라 생각된다. 어떤 물을 사용해야 하는지 그 대답을 끊임없이 갈구하는 이에게 이온의 함량 및 양면성에 관한 내용은 듣는 이를 더 혼란스럽게 만들 수도 있다고 생각한다. 그래서 가장 최근에 발표된 자료를 토대로 정리하고자 한다. 어떻게 대처해야 하는지, 향미와 머신 보호 또는 추출과 머신 보호, 두 마리의 토끼를 가장 안전하게 잡을 수 있도록 만들어 주는 '기준치'에 대한 가이드라인을 살펴보자.

과학적, 객관적, 분석적

커피와 물에 관한 연구는 초창기의 커피의 관능적 특성과 물 간의 상관성부터 미네랄과의 맛의 상관 관계를 거쳐 최근 발표한 물의 경도와 알칼리도 및 각 농도에 따른 맛의 특성 그리고 맛의 재연성과 머신 보호를 위한 허용 가능한 범위를 도표화한 자료에까지 이르렀다. 이전의 연구보다 더욱 실질적이고 심층적인 결과지만 솔직히 이해하기 쉽지는 않다. 하지만 물과 커피의 배경지식을 이해하고 기존의 연구 결과와 현재 발표된 실용적인 보고서까지 숙지한다면, 본인 매장의 물에 관해 더욱 탄력적으로 적용시킬 수 있고 변화시킬 수 있으리라 본다.

❖ 경도 및 알칼리도의 허용 범위

하단의 표는 SCAE Water Report 및 Water for Coffee의 연구 결과이다. (위 그림은 저자 승인을 받아 개재한 것이다) 경도(=총 경도)와 알칼리도의 중요성을 강조하고, 머신을 지속 가능하게 관리 할 수 있는 최소 범위와 커피 향미를 발현시킬 수 있는 기준 범위 간의 접합점을 만드는 시도라 할 수 있다.

가로축을 알칼리도, 세로축을 총 경도로 하여 기준 범위를 정하였다. 만약에, 경도와 알칼리도가 너무 높다면, 미네랄 과다로 보일러나 커피머신에 스케일이 형성되기 쉽고 알칼리도가 낮으면 부식될 가능성이 있으므로 그사이를 커버할 수 있는 기준 범위가 마련되었다.

또한 커피의 관능적 특성에도 영향을 미친다. 알칼리도가 높을 때는 커피 맛은 약하고 밋밋해지는(flat) 반면에, 낮은 알칼리도에서는 커피 맛이 약하고 대신 강한 신맛과 날카로운 맛이 수반된다. 경도가 높으면, 무거운 바디감과 밋밋해지고 강한 신맛, 경도가 낮을 때는 바디감이 떨어지고 강하고 날카로운 신맛을 낸다.

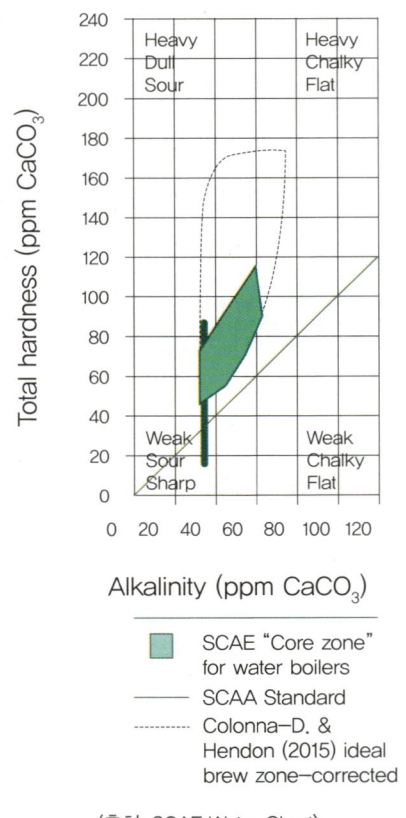

〈출처: SCAE Water Chart〉

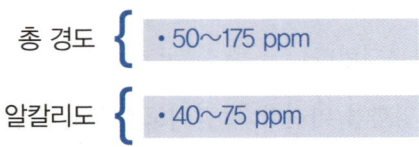

원수의 경도 도는 알칼리도를 낮추기 위해서는 이온 교환 장치나 연수기, 역삼투압 등의 정수 방법 등을 참조하여 재선택할 수 있다.

❖ 물의 레시피화(1): '70/30 water'

어쩌면 가장 쉽고 편하게 적용시킬 수 있는 방법이다. 심지어 커피 추출하는 것 보다 더 쉬울 수 있다. 미네랄을 컨트롤함으로써 표준 조건을 쉽게 맞출 수 있어 커핑 또는 커피 추출 할 때 유용한 툴로 사용할 수 있다. 완벽한 추출수라고 할 수는 없지만, 미네랄을 컨트롤한 방법을 통해 지금껏 논해왔던 수질을 컨트롤한다는 의미에서는 한 걸음 다가간 결과물이라 할 수 있다.

1) 준비 물

마그네슘 수용액(또는 황산마그네슘), 중탄산염(또는 소다: sodium bicarbonate)

※체크 사항:

원수의 TDS 확인해야 한다. 만약 역삼투압 시스템을 사용한다면 그 물을 사용할 수 있으며 또는 증류수도 괜찮다. 시중의 판매되는 생수(Bottled water)도 가능하지만, 반드시 나트륨, 칼슘, 탄산염 등의 함량이 가장 적은 물로 준비한다.

2) 준비 과정

① 1리터의 물에 준비된 수용액을 넣어 최종 저장액(stock solution)을 제조하는 것이다.

② TDS 가 낮은 물 1000 ml 에 중탄산나트륨 14 g 을 넣어 완전히 녹을 때까지 젓는다.

③ 황산 마그네슘 12 g 을 추가로 넣고 잘 섞어 준 후, 밀봉하여 공기와의 접촉을 차단한 채 보관한다.

④ 위의 제조액을 사용하여 추출수를 만든다.
(예: 1리터의 물에 5 ml 의 용액을 첨가한다면 결국 총 70 ppm 의 중탄산나트륨과 30 ppm 의 황산마그네슘이 들어간다)

- 70 ppm 의 중탄산나트륨 + 30 ppm의 황산마그네슘
  42 ppm 알칼리도
  25 ppm 경도
  50 ppm 중탄산이온
  6 ppm 마그네슘 이온

이와 같은 농도로 제조하는 것을 알칼리도에 적용시키기에는 복잡하고, 만약 이 농도를 바꾸고 싶다면 정확하게 눈금이 새겨진 실린지(주사기)를 사용하는 것이 도움이 된다.

결국 이 실험의 목적은 '물'이라는 수렁에 깊이 빠진 상태로 아무것도 못하며 가라앉는 것을 막고자 하나의 팁으로 제공된 것이다. 지역 원수 상태를 파악하여 테스트 해 봄으로써, 커피 향미 특성에 차이가 나는지 직접 느껴 보길 바란다.

이왕이면 한가지 커피를 사용해 보고 또 다른 종류의 커피도 시도해보자. 두 가지의 커피 향미 캐릭터를 개선시킬 수 있는지, 기존의 우리가 알고 있는

사실과 다른 현상을 볼 수 있을 것이다.

❖ 물의 레시피화(2): '미네랄 농축액'

'70/30 water'보다 더 빠르고 신속하게 나만의 물을 만들고 싶다면 다음과 같은 방법도 추천한다. 현재 시판 준비중의 상품이지만, 간략히 설명하고자 한다.

미네랄 첨가물 대신 해양 심층수의 잔존된 미네랄을 직접 추출하여 제조된 제품으로, 브루윙 워터로서 칼슘과 마그네슘의 미네랄 비율을 1:2.7로 이온 열처리 기술을 통해 최적의 농도로 맞추었다. 이온의 특성상 산미와 단맛을 살릴 수 있고, 바디감 역시 풍부하게 느낄 수 있어서, 다양한 커피를 신속하게 테스트할 때 효과적일 것이라고 예상된다.

1) 준비물

증류수 또는 미네랄 함량이 가장 적은 생수, 미네랄 포켓(예)아쿠아코드)

2) 준비 과정

권장 희석표를 보고, 물의 양을 정한 다음, 본 제품을 첨가한다.
  예)물 5L 기준 시, 1포 사용

〈자료 제공: 카페 뮤제오_AQUACODE아쿠아코드〉

주요 구성 성분	(w/w)%	(w/v)%	내용량 당 성분 함량
물		86.2%	
마그네슘		14094 pm	84.6mg
나트륨	13.8%	498pm	3.0 mg
칼륨		515pm	3.1 mg
칼슘		5220pm	31.3mg

아쿠아코드 성분 함량 〈자료 제공: 카페 뮤제오〉

커피와 물의 과거, 현재 그리고 미래

최근 2~3년동안 국내에서는 커피와 물에 관련된 세미나, 카페 내에서 시행하는 다양한 테이스팅, 정수 업체들의 진보된 마케팅을 자주 접하면서 점점 이슈화되었지만, 사실 외국에서는 1950년대부터 학자들이 연구하기 시작했다. 본 파트에서는 선행 연구 및 현재 발표된 보고 자료 등을 정리하고 앞으로의 향방에 관해 시사점을 제기함으로써 마무리 짓고자 한다.

❖ **과거 (1958~2000년 초기)**

선행 연구를 기반으로 어떤 종류의 연구가 진행되었는지 살펴보도록 한다.

이 시기에는 출간된 간행물보다 논문 연구 사례들이 중심을 이루었다. 하단의 자료를 보면, 1950년대부터 물과 커피 향미에 관한 연구가 시작되었다. 거시적으로 봤을 때 물이 추출된 커피 향미에 미치는 영향으로 시작하여 점점 세분화되면서, 물의 이온과 커피의 여과속도 또는 추출 속도와의 상관성 또는 커피 및 타 음료의 향미 분석, 그리고 에스프레소 추출 시 커피 베드의 압력에 미치는 영향 등이 다각적으로 연구되어 왔다. 위 연구 사례 및 자체적인 연구 진행으로 SCAA에서 수질 관련 핸드북까지 출간하여 해외 연구 자료를 초석으로 삼아 현재의 연구가 빛을 발할 수 있었다.

1955년   저자: Lockhart, E.E.

- "The effect of water impurities on the flavor of brewed coffee".
- (물의 불순물이 추출된 커피의 향미에 미치는 영향)

1958년   저자: Gardner, D. G

- "Effect of certain ion combinations commonly found in portable water on rate of filtraion through roasted and ground coffee."
- (원수에서 주로 발견되는 특정 이온 결합이 원두 및 분쇄된 커피의 여과 속도에 미치는 영향)

1971년   저자: Pangborn, R.M and IDA M, Trabue.

- "Analysis of coffee, tea and artificially flavored drinks prepared from mineralized waters."
- (미네랄 워터로 추출된 커피, 차 및 인공 향미 음료의 분석)

| 1995년 | 저자: Fond, O. |

- "Effect of water and coffee acidity on extraction. Dynamics of coffee bed compaction in Espresso type extraction."
- (수질과 커피의 산도가 추출에 미치는 영향. 에스프레소 타입의 추출에서 압축된 커피 층의 역학)

| 2010 /2012년 | 저자: Navarini, L, Rivetti, D. |

- "Water quality for Espresso."(에스프레소를 위한 수질)
- "Effect of water composition and water treatment on Espresso coffee percolation."
(물의 구성요소와 처리 방법이 에스프레소 커피 추출에 미치는 영향)

| 2010년 | 저자: David Beeman and Paul Songer with Ted Lingle. |

- "Effect of water composition and water treatment on Espresso coffee percolation."
(물의 구성요소와 처리 방법이 에스프레소 커피 추출에 미치는 영향)

❖ 현재 (2010년대 이후~)

　본격적으로 커피와 물에 관한 깊이 있는 연구가 진행되었으며, 개인적으로 필자는 최근에 출시된 결과물들은 커피와 물 분야에 큰 획을 그었다고 생각한다. 2014년도 용존된 양이온이 커피 추출에 미치는 영향에 관한 연구는 2가 양이온 중 마그네슘 및 칼슘의 역할, 특히 마그네슘의 역할에 대해 재조명되었고, 2015년에 드디어 커피와 물에 관한 첫 책이 출판되었다. 다소 어렵지만 바리스타와 학자의 결합이 큰 결실을 만들어 냈고 기존 학자의 접근으로 물의 이화학적인 측면을 깊이 있게 다루었으며, 바리스타가 보는 커피 이야기도 추가하였다. 그리고 2016년 여름, SCAE에서 수질 보고서를 발표하였다. 이 보고서는 과학적이고 객관적인 데이터를 보여줌으로써 물에 관하여 확실하게 윤곽을 잡을 수 있도록 여러 경우의 수를 제안하며 다양한 방안을 제시하였다. 각 방안 별로 그래프화 하여 물의 safety zone 을 구성함으로써 더욱 수치화 및 시각화하여 최대한 객관적인 팁을 제공하였다.

2014년　저자: Christopher, H.

- "The role of dissolved cations in coffee extraction."
- (커피 추출에서의 용존된 양이온의 역할)

2015년　저자: Maxwell C,D. and Christopher, H.

- "Water for coffee."
- (커피를 위한 물)

2016년　저자: Marco W, Samo S. and Chahan Y.

- "The SCAE Water chart; measure aim treat."
- (SCAE 수질 보고서: 측정.목표.처리)

❖ 미래

커피와 물에 관한 미래를 언급하기에 현 단계에서는 다소 조심스럽고, 또한, 현재 조금씩 변하는 과정에 접어드는 시기로 생각되어 미래에 관한 선구안적인 예측보다는, 지금 시행하고 있는 일련의 방안들이 좀더 다양화 및 가속화 될 것이라고 전망한다.

우선은 전반적으로 물에 관한 이슈가 당분간 지속될 것 같다. 전체적인 커피 시장 및 업계 현황에서 보자면, 첫째, 커피 전문 매장에서는 커피 향미 컨트롤에 있어서 물도 커피만큼의 하나의 독립 변수이자 요인으로 점점 인지되고 있으며, 커피 맛의 변화에 있어서 큰 이유로 인식하여 커피 맛의 재연성을 위하여 수질 관리에 더욱 세심한 주의를 요할 것이다. 간편한 수질 관리를 위해 워터 테스트 킷, pH 나 TDS 측정기를 자주 접할 것이라 생각한다. 다음으로, 필터 업체에서는 물의 미네랄에 포커스를 두어 진화된 필터 모델 개발에 주력하여 자체적으로 미네랄을 컨트롤하며 커피 향미에 중요한 미네랄만을 포집하여 내 물을 모델링화할 것이다. 사실 몇 가지 모델이 시중에 판매 중이지만, 더욱 진보된 기술로 컨트롤 할 것이라고 사료된다. 셋째, 바리스타나 로스터등의 커피인들에게는 오히려 다양한 옵션이 제공될 것이다. 물에 대한 선택지의 폭이 넓어질 뿐만 아니라 본인에게 맞는 물을 직접 제조할 수도 있다. 반면에 로스터나 바리스타 그리고 커퍼는 커피 콸리티 컨트롤을 위하여 '물'에 대한 사안까지 고려해야 하는 경우의 수가 더 많아졌다. 커핑 시 사용하는 물의 미네랄을 조정한다면? 로스팅 배전도에 맞게 물의 종류를 달리해서 추출한다면? 추출수의 미네랄 함량을 컨트롤하여 브루잉한 결과는? 에스프레소를 기존의 물과 다른 물을 넣어 아메리카노를 만든다면? 기존 경우의 수에 '물'까지 더하니 마치 연속적으로 계속되는 퍼즐과 같다. 우리가 그 동안 커피 향미컨트롤을 위해 많은 노력과 주의를 기울인 것처럼, 앞으로 물에 관해서도 커피에 노력을 쏟은 것처럼 향미 및 지속성을 위하여 발전할 것이다. 과연 정답이 맞춰지는지, 정답이 본래부터 존재하는지에 관해 끝없는 의구심이 들겠지만 우리는 과거, 현재의 연구를 기반으로 과학적으로 물을 접하여 커피와 물의 대한 이야기를 다시 시작할 것이다.

부록 01

해외 수질 분포도
(영국/미국/일본)

대륙별로 다르며 대표 음식마저도 영향을 끼칠 수 있다

  커피와 물에 관한 연구를 3년 전에 시작했을 때, 다수의 교수님들이 반대하셨다. 외국은 지형적인 영향으로 경수가 많은 비중을 차지하여 물의 맛에 영향을 끼치는 반면에, 우리나라는 대부분이 연수인지라 큰 의미가 없다고 말이다. 물론 위의 사항부터 의문점이 제기되어 오늘날 여기까지 이르렀지만, 나의 질문은 예전이나 지금이나 변함없다.

  "그렇다면 연수인 우리나라에서 사람들은 왜 정수기를 설치하고 생수를 마실까?

  하지만 이젠 커피 업계에서도 커피뿐 만이 아니라 추출수인 물 자체에도 연구가 확산되고 관심이 고조됨에 따라, 장소와 여러 종류의 물만 있다면 언제든지 누구나 커피와 물맛에 관한 실험을 할 수 있고 신선한 반향을 일으키고 있다.

  그 동안 내가 찾아본 바로는, 물에 관한 해외 선행 연구는 개인 또는 커피 대기업체에서 많이 연구된 바 있다. 1970년부터 네슬레, 일리 커피 연구원 및 맛에 관한 저명한 인사들이 진행해 왔다. 개인적인 소견이지만, 이 중에 주목할 만한 점은 이들은 거의 미국, 이태리 그리고 아시아권에서는 일본, 최근에서는 중국에서도 비슷한 연구들이 행해졌다는 것이다. 학문적으로 일찍 발전시킨 유럽 및 미국 등과 차에 관한 오랜 역사를 지닌 아시아 두 나라에서는 일찍부터 물에 관해 세심한 관심을 보인 것 같다. 그렇다면 위 나라의 수질은 우리나라와 어떤 차이가 있는지 알아보고자 한다.

❖ 영국

학자들이 진행한 물에 관한 선행 연구가 보고되었으며, 최근에 출판된 'water for coffee'가 큰 반향을 일으켰으며, 주 저자가 연구한 다른 연구들이 SCI급에 등재되어 발표되었다. 다른 책과는 달리 바리스타와 과학자가 살펴본 커피와 물에 관한 책이라 많은 관심을 받았다.

우리 나라 경도는 주로 ppm 단위를 많이 사용하여 보통 70 ppm 이하는 단물이라고 하며 최대 경도는 300 ppm 이하, 우물물의 경우는 지역과 시기 등에 따라 수질이 달라지지만 최하 150 ppm 정도로 규정짓고 있다. 그러나 영국은 이러한 음용수의 기준을 최하 150 ppm 정도이며 최고 한도에 대한 별도의 규정은 없다. 따라서, 영국 수질은 우리나라 우물물 보다 경도가 높은 물을 수돗물로 제공하고 있다고 여기면 된다. 경도가 다소 높긴 하지만, 우리나라처럼 생수를 다량으로 소비하는 것은 아니라, 물론, 전보다는 생수를 사서 마시는 비율이 증가하고 있지만, 가정이나 식당에서는 tap water를 식수처럼 그냥 마시기도 한다.

지도 상의 영국 수질은 북서쪽으로 갈수록 경도가 낮고, 남동쪽으로 갈수록 경도가 높아져서 남동쪽 대부분의 지역은 300 ppm 이상의 경도를 보이고 있다. 이러한 현상을 지역별로 다른 석회암 분포로 인한 것으로 사료된다. 영국에서는 바닷가 절벽, 산의 단면을 통해 석회암이 다량으로 퍼져있는 것을 볼 수 있다.

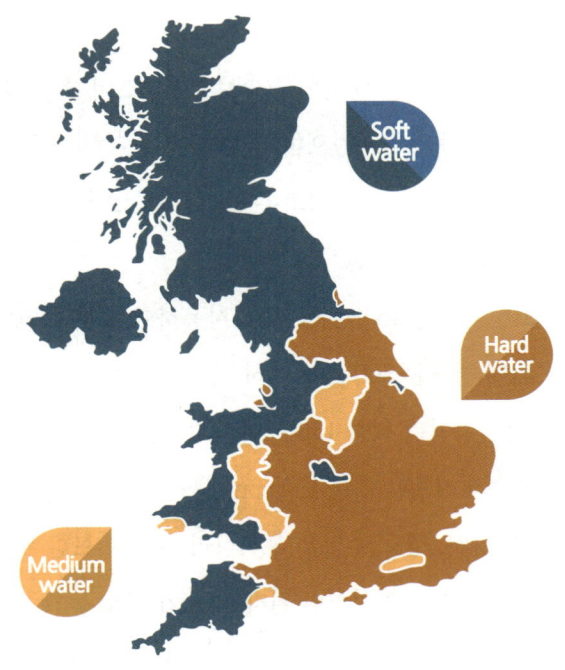

❖ 미국

　미국은 전반적으로 수돗물 수질이 좋은 편에 속한다. 염소의 냄새, 낡은 수도관의 파열과 누수로 인한 세균 감염 등으로 미국 수도 관리 당국은 철저히 관리 하곤 하지만, 다른 나라보다 병 음료의 물이 대중화 되고 그 수요가 급증하고 있는 추세이다. 동일한 원수일지라도 수돗물을 생산하기 위해서는 연방 환경청의 규제가 필요하며, 병 포장 식수의 생산은 FDA 규제를 받는다.

　병 포장 식수는 브랜드가 약 900개로, 그 원수의 출처를 반드시 확인해야 하고 연방 FDA 에서도 이에 관해 철저하게 규정하고 있다.

종류	규정
Drinking water	Bottled water 와 거의 동일한 개념인 물이며 가미를 하거나 향료를 배합할 수도 있으나 전량의 1%를 초과해서는 안된다.
Mineral water	용해된 광물질이 최소 250 ppm 인 경우에 해당되는 물이며 원수에 포함된 성분으로 첨가된 광물질은 인정 되지 않는다.
Purified water	증류시키거나 오존 처리한 정수된 물로서, 연방 당국 규정에 어긋나지 않는 물이며, Distilled water 또는 Deionized drinking water라는 명칭을 써도 된다.
Sparkling water	원수를 채수할 때부터 이산화탄소가 포함되어 있어 거품이 발생되는 식수를 지칭한다.
Spring water	자연적으로 지하로부터 흘러나온 물을 말하며 지상으로 유출된 그 지점에서 채수된 것이어야 한다. 펌프 등을 사용하여 인위적으로 물을 채수하는 것은 동일한 유출 지점에서 근접한 곳의 동일한 수원지로부터 채수되어 온 물이어야 한다.

앞서 언급하였지만, 미국의 수질은 좋은 편이어서 그대로 식수로 써도 무방하다. 병 포장 식수의 종류가 매우 다양하지만, 레이블(label)이나 원수의 출처 등을 잘 확인하여 마시는 게 낫다.

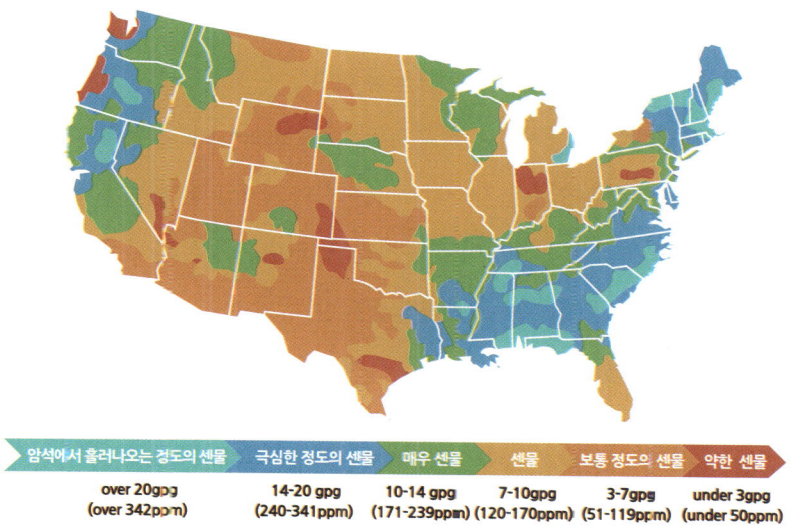

❖ **일본**

　유럽과 중국 등 타국과는 달리 일본의 수질은 대부분 연수에 속한다. 또한 수질은 그 나라의 음료와 음식에도 영향을 끼칠 수 있다. 그 중 하나가 다시(dashi)이다. 연수에 함유된 소량의 마그네슘과 칼슘은 다시를 만들 때 더욱 적합한 반면에, 경수의 마그네슘과 칼슘 및 기타 미네랄은 감칠맛 물질과 반응하여 결국은 쓴맛과 불쾌한 맛을 야기시킨다고 한다. 그리하여 경수는 생선 비린내 제거에 효과적이므로, niboshi(말린 정어리:니보쉬)와 katsuobushi(가다랭이포:가쯔오부시) 가 들어있는 다시를 낼 때는 경도가 약간 높은 물을 사용한다.

　다시는 일본만의 고유 음식중의 하나이다. 음식의 근간이 되며 진한 맛을 내는데 일조하여 감칠맛에 직, 간접적으로 영향을 끼친다. 다시를 내는 기본 재료들은 아주 신중하게 선택되고 경작되어 왔으며, 맛 좋은 육수를 내기 위해 여러 가지 방법들을 고안해 내기도 하는데, 이들 중에 가장 대중적으로 큰 비중을 차지하는 것이 물이다. 그렇다면 다른 종류의 물을 사용했을 때, 결과물에 본질적인 영향을 끼치는 살펴보도록 하자.

　도쿄 지역 근방의 관동지방은 경수지역으로 katsuobushi를 더 선호하지만, 교토의 수질은 대부분 연수인지라 kombu(다시마: 곤포) 가 더 눈에 많이 띈다.

　만약, 다시가 물과는 연관성이 적을지라도, 연수는 일본의 다른 요리에 긍정적인 효과를 미친다. 연수로 밥을 짓게 되면, 밥알이 촉촉하고 솜털처럼 몽그랗게 피어오르고, 경수로 밥을 지을 시에는 원치 않게 메마르고 건조한 밥알을 먹게 될 지도 모른다. 이는 칼슘의 영향으로 밝혀진 것으로 안다.

　또한, 일본 음료도 지역별 연수와 경수에 따라 결과물의 가치가 달라진다고 할 수 있다. 즉, 일본의 국민주인 sake(사케)와 맥주 공장 회사는 언제나 샘, 강 또는 다른 수원지 등 위치해 있어 연수는 일본식 녹차 및 커피 등의 추출수로 적합한 것으로 알려졌다.

결국은 음식과 물은 깊은 연관성을 가지고 물은 단지 재료를 부수적으로 사용하여 만든 음식의 맛까지 영향을 끼치는 것이다. 연수와 경수의 지역별 분포도에 따라 파생되는 요리의 종류도 달라진다는 것을 알 수 있다.

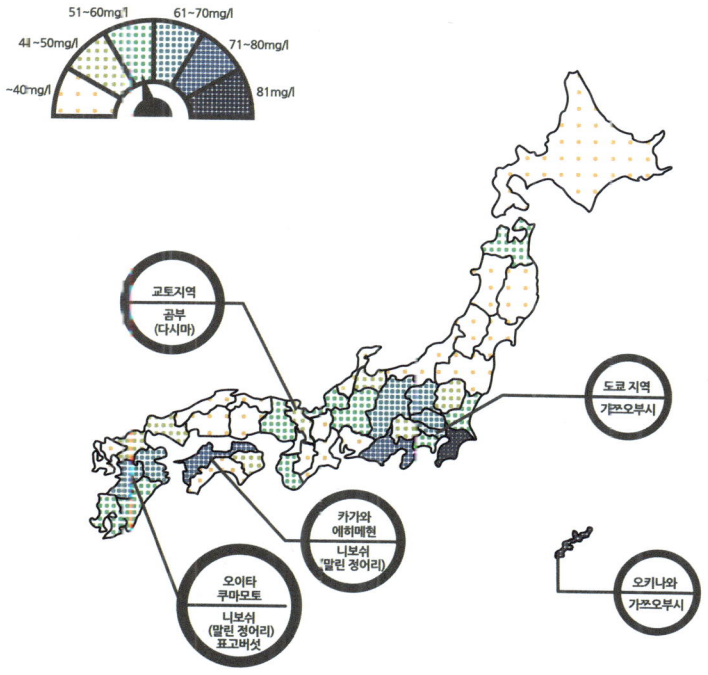

*일본 수질의 경도 레벨과 다시: 가쯔오부시와 니보쉬는 인근 지역 내 센물과 관련 깊고, 곤부는 인근 내 연수와 상관 있음을 보여준다.

※참조: 우리 나라 수질 분포도

다음은 커피 컬럼 전문 사이트(black water issue)에서 발췌한 자료로, 우리 나라 수질 중 지역별 경도를 보여준 것이다. 우리나라는 전반적으로 연수인 국가로, 각 지역권마다 약간의 차이를 보이고 있다. 물은 지리적, 지형적 영향과는 분리될 수 없는 요인만이 아니라 인근 지역 취수원의 원수 상태 그리고 계절별 강우량 및 기후 변화도 영향을 끼치기도 한다. 지도 왼쪽은 2015년 하계에 측정된 경도, 오른쪽은 2016년 동계에 측정된 자료이다. 하계 지도는 일부 소수지역은 약간의 편차를 보이기도 하지만, 전반적으로 수도권 및 강원도 지역 즉, 북동부 지역은 경도 80 ppm 이상, 남서부 지역은 경도 40 ppm 이하를 기록하고 있다. 동계 지도는 2016년에 작성된 것으로 전반적으로 대부분의 중부 지역이 경도 60~80 ppm 정도, 남부 지역은 약 20~40 ppm 를 기록하여 하계에 비해 경도의 농도가 약간 높아진 지역이 늘어났다.

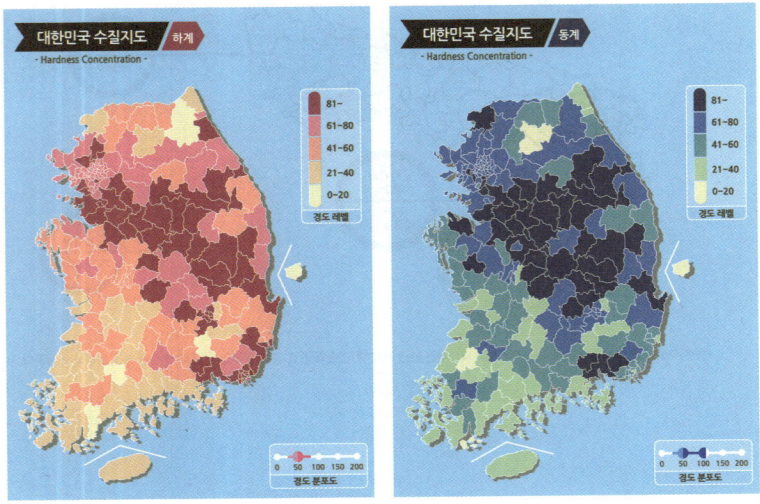

〈출처: black water issue〉

수돗물·정수기 물·생수의 미네랄 수질 검사 결과

국립환경과학원 수질 분석 결과

항목	수질기준(기준치이하)	수돗물(은평구 아파트)	정수기물		생수				
			중공사막식	역삼투압식	삼다수	아이시스	평창수	에비앙	볼빅
경도	300mg/L	45	44	2	19	35	62	317	68
칼슘 (mg/L)		14.9	14.7	0.2	3.3	13.7	19.6	80.6	13.2
나트륨		5.3	5.3	0.7	6.2	5.7	8.4	6.8	13.1
마그네슘		2.6	2.6	0.1	2.7	1.1	2.6	28.0	9.1
칼륨		1.6	1.6	0.1	2.2	0.5	0.7	1.0	6.7
규소		3.6	3.6	0.4	14.0	9.3	10.3	7.5	16.4
ph	5.8~8.5	7.1	7.0	6.3	7.8	7.1	7.2	7.4	7.1
잔류염스	4.0mg/L	0.15	불검출	불검출	불검출	불검출	불검출	불검출	불검출
비린맛, 쓴맛 등	없음	없음	없음	없음	없음	없음	없음	없음	없음

※경도는 물에 포함된 칼슘과 마그네슘양을 탄산칼슘으로 환산한 수치. 높을수록 미네랄이 많은 것.

부록 02

___

우리나라 수질 항목 기준 및
측정 방법

우리나라 수질 항목 기준이 마련된 배경

먹는 물은 그 지역의 하천, 호수, 지하수 등을 그대로 마시거나 정수 처리 과정을 거치기 때문에 수질 기준은 그 나라의 산업 형태, 상수원수의 오염 상태나 지질 조건등에 따라 나라마다 상이하다. 따라서 수질 항목을 선정할 때, 한국은 WHO, 미국, 일본 등 선진국의 먹는 물 수질 기준에 선정된 물질에 대하여 적용시킬 것인지에 따라 기준이 마련된다.

각종 산업 발달로 하천이 오염됨에 따라 환경부는 90년부터 매년 수돗물에 대하여 수질 기준을 정하여 오염된 가능성이 큰 유해 물질부터 모니터링하여 현재는 55종에 관해 먹는 물 수질 기준을 정하였다.

현재, 우리 나라의 먹는물 수질 기준은 미생물에 관한 항목, 심미적 영향 물질에 관한 항목, 건강상 유해 영향 무기물질에 관한 항목, 건강상 유해 영향 유기물질에 관한 항목과 소독제 및 소독 부산 물질에 관한 항목으로 총 5가지 항목으로 구성되어 있다. 특히, 여기에서는 먹는물 관리법에서 맛에 영향을 미치는 항목인 심리적 영향 물질은 총 16가지 항목으로 구성되어 있다.

한편, 2011년, 서울시는 기존의 '깨끗하고 건강한 아리수'를 공급하는 데 이어 한 단계 발전된 '건강하고 더 맛있는 아리수'를 공급하기로 계획하여, 각 항목의 가이드 라인에 따라 실태 조사를 실시하였다.

⟨2015 먹는물 수질 기준⟩

구분	항목	수돗물	샘물(원수)	먹는샘물(제품수)	먹는물 공동시설	먹는해양 심층수	염지하수(원수)	먹는염지하수(제품수)	음용지하수
	총계	59	48	51	48	53	47	54	47
미생물	일반세균(Colony Forming Unit)	100CFU/ml	저온(20CFU) 중온(5CFU)	저온(100CFU) 중온(20CFU)	100CFU/ml	저온(100CFU) 중온(20CFU)	저온(20CFU) 중온(5CFU)	저온(100CFU) 중온(20CFU)	100CFU/ml
	총대장균군	ND/100ml	ND/250ml	ND/250ml	ND/100ml	ND/250ml	ND/250ml	ND/250ml	ND/100ml
	대장균	ND/100ml	–	–	ND/100ml	–	–	–	ND/100ml
	분원성 대장균군	ND/100ml	–	–	ND/100ml	–	–	–	ND/100ml
	분원성 연쇄상구균	–	ND/250ml	ND/250ml	–	ND/250ml	ND/250ml	ND/250ml	–
	녹농균	–	ND/250ml	ND/250ml	–	ND/250ml	ND/250ml	ND/250ml	–
	살모넬라	–	ND/250ml	ND/250ml	–	ND/250ml	ND/250ml	ND/250ml	–
	쉬겔라	–	ND/250ml	ND/250ml	–	ND/250ml	ND/250ml	ND/250ml	–
	아황산환원혐기성포자형성균	–	ND/50ml	ND/50ml	–	ND/50ml	ND/50ml	ND/50ml	–
	여시니아균	–	–	–	ND/2000ml	–	–	–	–
건강상 유해영향무기물질	납	0.01	0.01	0.01	0.01	0.01	0.01	0.01	0.01
	불소	1.5	2.0	2.0	1.5	1.5	2.0	2.0	1.5
	비소	0.01	0.05	0.01	0.01	0.01	0.05	0.01	0.01
	셀레늄	0.01	0.01	0.01	0.01	0.01	0.05	0.01	0.01
	수은	0.001	0.001	0.001	0.001	0.001	0.001	0.001	0.001
	시안	0.01	0.01	0.01	0.01	0.01	0.01	0.01	0.01
	크롬	0.05	0.05	0.05	0.05	0.05	0.05	0.05	0.05
	암모니아성 질소	0.5	0.5	0.5	0.5	0.5	0.5	0.5	0.5
	질산성 질소	10	10	10	10	10	10	10	10
	카드뮴	0.005	0.005	0.005	0.005	0.005	0.005	0.005	0.005
	보론	1.0	1.0	1.0	1.0	1.0	–	1.0	1.0
	브롬산염	–	–	0.01	–	0.01	0.01	0.01	–
	스트론튬	–	–	–	–	4	–	4	–
	우라늄	–	0.03	0.03	0.03	–	–	0.03	–
건강상 유해영향유기물질	페놀	0.005	0.005	0.005	0.005	0.005	0.005	0.005	0.005
	다이아지논	0.02	0.02	0.02	0.02	0.02	0.02	0.02	0.02
	파라티온	0.06	0.06	0.06	0.06	0.06	0.06	0.06	0.06
	페니트로티온	0.04	0.04	0.04	0.04	0.04	0.04	0.04	0.04
	카바릴	0.07	0.07	0.07	0.07	0.07	0.07	0.07	0.07
	1,1,1-트리클로로에탄	0.1	0.1	0.1	0.1	0.1	0.1	0.1	0.1
	테트라클로로에틸렌	0.01	0.01	0.01	0.01	0.01	0.01	0.01	0.01
	트리클로로에틸렌	0.03	0.03	0.03	0.03	0.03	0.03	0.03	0.03
	디클로로메탄	0.02	0.02	0.02	0.02	0.02	0.02	0.02	0.02
	벤젠	0.01	0.01	0.01	0.01	0.01	0.01	0.01	0.01
	톨루엔	0.7	0.7	0.7	0.7	0.7	0.7	0.7	0.7
	에틸벤젠	0.3	0.3	0.3	0.3	0.3	0.3	0.3	0.3
	크실렌	0.5	0.5	0.5	0.5	0.5	0.5	0.5	0.5
	1,1-디클로로에틸렌	0.03	0.03	0.03	0.03	0.03	0.03	0.03	0.03
	사염화탄소	0.002	0.002	0.002	0.002	0.002	0.002	0.002	0.002
	1,2-디브로모-3-클로로프로판	0.003	0.003	0.003	0.003	0.003	0.003	0.003	0.003
	1,4-다이옥산	0.05	0.05	0.05	0.05	0.05	0.05	0.05	0.05

구분	항목	수돗물	샘물(원수)	먹는샘물(제품수)	먹는물 공동시설	먹는해양 심층수	염지하수(원수)	먹는염지하수(제품수)	음용지하수
	총계	59	48	51	48	53	47	54	47
소독제 및 소독부산물질	잔류염소(유리잔류염소)	4.0	-	-	-	-	-	-	-
	총트리할로메탄	0.1	-	-	-	-	-	-	-
	클로로포름	0.08	-	-	-	-	-	-	-
	브로모디클로로메탄	0.03	-	-	-	-	-	-	-
	디브로모클로로메탄	0.1	-	-	-	-	-	-	-
	클로랄하이드레이트	0.03	-	-	-	-	-	-	-
	디브로모아세토니트릴	0.1	-	-	-	-	-	-	-
	디클로로아세토니트릴	0.09	-	-	-	-	-	-	-
	트리클로로아세토니트릴	0.004	-	-	-	-	-	-	-
	할로아세틱에시드	0.1	-	-	-	-	-	-	-
	포름알데히드	0.5	-	-	-	-	-	-	-
심미적 영향물질	경도	300	-	1000	1000	1200	-	1200	1000
	과망간산칼륨 소비량	10	10	10	10	10	10	10	10
	냄새(소독외의 냄새)	ND	ND	ND	ND	ND	ND	ND	ND
	맛(소독외의 맛)	ND	ND			ND	-	ND	ND
	동	1	1	1	1	1	1	1	1
	색도	5	5	5	5	5	5	5	5
	세제(음이온계면활성제)	0.5	ND	ND	0.5	ND	ND	ND	0.5
	수소이온 농도	5.8-8.5	4.5-9.5	4.5-9.5	4.5-9.5	5.8-8.5	5.8-8.5	5.8-8.5	5.8-8.5
	아연	3	3	3	3	3	3	3	3
	염소이온	250	250	250	250	250	-	250	250
	증발잔류물	500	-	-	-	500	-	500	-
	철	0.3	-	0.3	0.3	0.3	-	0.3	0.3
	망간	0.05	-	0.3	0.3	0.3	-	0.3	0.3
	탁도(NTU)	0.5	1	1	1	1	1	1	1
	황산이온	200	250	250	250	200	-	200	200
	알루미늄	0.2	0.2	0.2	0.2	0.2	0.2	0.2	0.2
방사능에 관한 기준	세슘(Cs-137)	-	-	-	-	-	4.0 mBq/L	-	-
	스트론튬(Sr-90)	-	-	-	-	-	3.0 mBq/L	-	-
	삼중수소	-	-	-	-	-	6.0 mBq/L	-	-

하단의 표는 각 국가가 정하는 먹는 물 수질기준 항목 현황을 다룬 것이다. 다양하게 선택한 항목들을 탄력적으로 운영하고 있다. WHO는 세계인의 공중 보건을 위해 먹는 물 수질 가이드 값을 마련하였고, 미국은 환경청 먹는 물 안전법에 대해서 먹는 물의 법적 근거를 마련하였으며 최근 새로운 규정들이 미국 EPA 홈페이지에 다양한 규정들을 마련하고 관련 정보를 제공하고

있다. 일본은 후생노동성 수도법에 따른 소독 부산물 및 문제 제기된 오염 물질과 WHO 음용수 가이드 라인 등을 참조하여 정한 수질 기준 이외에 수질 관리상 유의할 27개 목표 설정 항목을 정하여 모니터링 하고 있으며 HACCP 기법을 도입하여 관리 중이다.

미네랄 측정 항목의 수질 분석표

Inorganic	Unit	Standards				
		Korea	WHO	U.S.A	Japan	U.K
F	/L	1.5	1.5	1.5~4	0.8	1.5
Cu	/L	1	1	1	1	3
Zn	/L	3	3	5	1	5
Fe	/L	0.3	0.3	0.3	0.3	0.2
Mn	/L	0.3	0.5	0.05	0.05	0.05
Na	/L	–	200	–	200	150
K	/L	–	–	–	–	12
Ca	/L	–	–	–	–	250
Mg	/L	–	–	–	–	50

❖ 우리나라 먹는 물 수질 기준의 항목별 측정 방법

1) pH 측정 방법

pH 미터를 사용하여 유리 전극법에 따라 측정한다. pH 측정기는 전원을 넣어 5분 이상 지난 후에 사용한다. 유리 전극 검출부를 물로 씻은 다음 묻어있는 물은 여과지 등으로 가볍게 닦아낸다. pH 보정을 위하여 3 포인트 보정을 선택한다. pH 7.00 완충액, pH 4.00 완충액, pH 10.01 완충액 순으로 pH 보정을 수행한다. 전극기기가 80~120 사이인지를 확인한다. pH 보정이 끝나면 검출부를 물로 잘 씻은 다음 묻어 있는 물을 여과지 등으로 가볍게 닦아낸 후 시료에 담가서 pH 값을 측정한다.

2) 전기전도도 측정 방법

전기 전도도 측정계를 사용하여 측정한다. 셀을 물에 2~3회 씻은 다음 사용하고자 하는 염화칼륨용액(시료의 전도도가 낮을 경우 0.001M, 높을 경우 0.01M)으로 2~3회 씻어주고 염화칼륨 용액에 셀을 잠기게 하여 온도를 25±0.5℃로 맞춘 상태에서 전기 전도도를 측정한다. 전기 전도도 측정계에 전원을 넣고 시료를 사용하여 셀을 2~3회 씻어준 시료 중 셀을 잠기게 하여 25±0.5℃를 유지한 상태에서 위와 같은 방법으로 반복 측정하고 그 평균값을 취하여 공식에 따라 시료의 전기 전도도 값을 산출한다.

> **전기 전도도란?**
> - 전기 전도도 성분은 Cl^-, SO_4^{2-}, $HCO3$, Na^+, Mg^{2+}, 등이므로 매우 중요한 응집 환경이자 침전 제거 대상
> - 단면적 1 cm^2, 거리 1cm 의 전극들 사이에 있는 용액의 전도도를 의미
> - 흐르는 전류의 세기에 따라 나타나는 용액 속의 전도도를 가지고 수중의 이온성 물질량을 간접적으로 의미

$$L = C \times LX$$

L : 25℃에서의 시료의 전기전도도값($\mu S/cm$)

C : 셀상수(cm^{-1})

LX : 측정한 전기전도도값(μS)

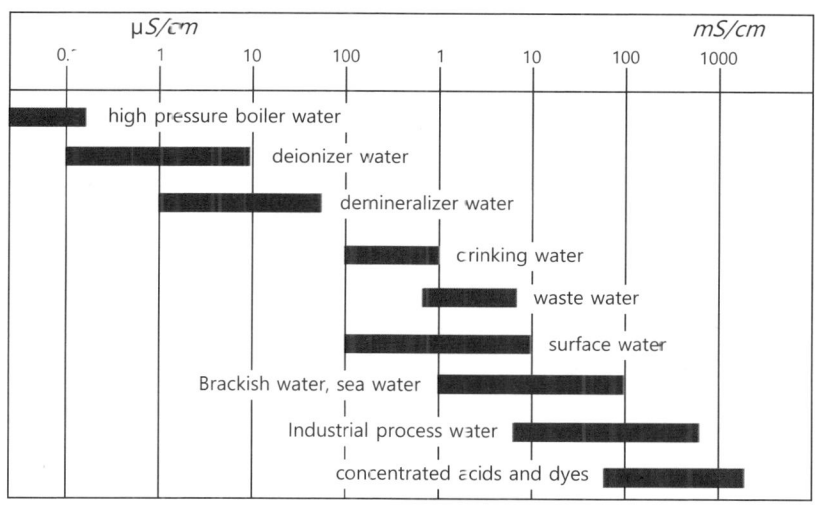

〈물의 종류에 따른 전기 전도도 수치〉

3) 증발 잔류물 측정 방법

시료의 일정량을 수욕상에서 증발 건조하여 남은 물질의 중량을 구하는 방법이다. 증발 잔류물은 물을 증발 건조하였을 때 남는 물질을 말하며 투명한 물이 증발하였을 때의 잔류물은 용해성 물질이고, 탁한 물의 경우에는 부유 물질과 용해성 물질을 합한 것이다.

시료 100~500 ㎖를 미리 103~105 ℃에서 건조하고 데시케이터에서 식힌 후 무게를 단 증발 접시에 넣고 103~105 ℃의 건조기에서 시료를 완전히 증발 건조한 후, 데시케이터에서 식힌 후 증발 접시의 무게를 달아 증발 접시의 무게차를 이용하여 시료 중의 증발 잔류물의 양(mg/L)을 구한다. 증발 접시 전 건조 전, 후의 무게 차를 계산 식에 적용하여 값을 구한다.

$$증발잔류물(mg/L) = (a - b) \times 1,000 / V(mL) \times 1,000 \text{ mL/L}$$

a : 시료와 증발접시의 증발 후 무게(mg)

b : 증발접시 무게(mg)

V : 시료량(mL)

> ※일반적으로, 증발 잔류물이란 용어보다 T.D.S (Total dissolved solids)란 용어를 빈번하게 들었을 것이다. 앞서 언급한 경도와 마찬가지로, TDS 역시 음료의 향미 발현에 있어 관련이 깊어 자세히 살펴 보겠다. 상업적으로도 여러 업체에서도 간단한 측정기를 개발하고 있는 중이다. 샤오미마저도 개발할 정도이니 관심사나 실생활에서의 유용성이 앞으로도 점점 높아질 것 같다.

① Total dissolved solids(T.D.S; 총 용존 고형물)

물 속에 녹아있는 고형 물질의 총량을 뜻한다. 우리가 알고 있는 칼슘, 마그네슘 등의 미네랄이 물속에 얼마나 녹아있는지를 측정하는 것이다. 용존 고형물과 비용종 고형물의 합으로 멤브레인이나 미세한 마이크로 여과막을 사용하여 비용존 고형물을 제거하지 않을 경우에는 전기 전도도와 일정한 비례 관계에 갖는다. 즉, 이온 물질이 많으면 전기가 잘 흐르고 TDS 수치 역시 높게 나타난다.

② 측정 원리 및 의미

위와 같은 방법으로 측정할 수도 있으며 시중의 측정기를 가지고 쉽게 할 수 있다. 엄밀히 말하면, 측정된 수치 결과보다 해석에 더 중요하다고 본다. 수치가 높다고 인체에 유익하고 또는 무익하다는 것은 상관없고 다량의 물질이 녹아 있다고 할 수 있다. 그래서 수질 측정 항목으로서의 증발 잔류물은 TDS 의 주성분인 무기물질과 토사 및 부유 물질등이 포함된 것이다.

> ☞ 재차 강조하지만, TDS 함량이 높아야 물의 품질이 좋다는 결론은 지양해야 한다. 물 맛의 차이지, 품질과는 큰 관련이 없다는 것을 알아주길 바란다. 물 속의 어떤 물질이 녹아 있는것이 중요하며 이는 개인의 취향과 더불어 자신에게 가장 어울리는 기준을 마련하여 이에 대한 통제와 조정을 통해 특정 향미를 발현시키는 것이 더 중요한 숙제이다. 즉, 개인의 취향과 환경에 따라서 선택하여 결국은 부수 재료에 맞추어 적합한 결과물을 만드는 것이다.

4) 경도

미네랄에 있어 중요한 부분을 차지하고, 연수 및 경수와도 밀접한 관련이 있으므로 자세히 알아보겠다.

① 개념 및 정의

물의 거센 정도를 나타내는 것으로 물 속의 칼슘과 마그네슘의 금속 양이온에 기인하고 이를 $CaCO_3$ 값으로 환산하여 g/ml 단위로 표기한다. 경도가 높은 물은 거품을 내는 데 많은 양의 비누를 필요로 하며, 온수 파이프, 난방장치 및 보일러와 물의 온도를 올리는 장치에 스케일을 유발시킨다.

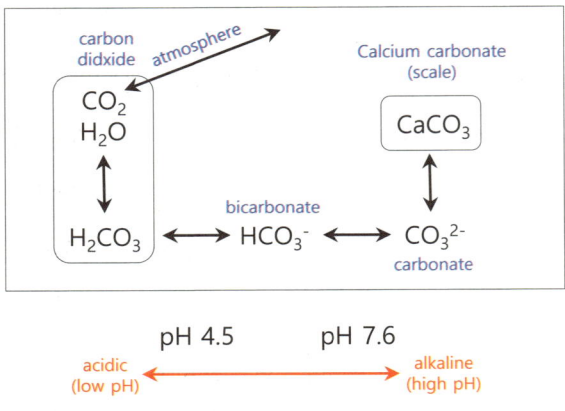

- 빗방울이 공기 중으로 떨어질 때 CO_2가 용해되고 지하에 침투될 때 미생물의 작용에 의해 생긴 CO_2가 용해되어 H_2CO_3가 된다.
- 지하의 석탄층을 통과할 때 칼슘이나 마그네슘 등 각종 광물이 녹아서 센물이 된다.

경도 유발 물질:

2가 양이온에 의해 발생되며 특정 음이온이 존재할 때 스케일이 형성된다.

경도 유발 양이온
- 2가 양이온:
- Ca^{2+}, Mg^{2+}, Sr^{2+}, Fe^{2+}, Mn^{2+}

음이온
- HCO_3^-, SO_4^{2-}, Cl^-, NO_3^-, SiO_3^{2-}

② 측정 방법

시료 100 ml (탄산칼슘이 10 mg 이하로 함유되도록 시료에 증류수를 넣어 100 ml 로 한 것) 를 삼각 플라스크에 넣고, 시안화칼슘시약 수 방울, 염화 마그네슘 용액 1ml 및 암모니아완충액 2ml 를 넣는다. EBT 용액 수 방울을 지시약으로 하여 EDTA 용액(0.01M)으로 시료의 색이 적자색으로부터 청색이 될 때까지 적정한다. 이 때에 소비된 EDTA 용액(0.01 M)의 mL(a)로부터 다음 식에 따라 시료에 함유된 탄산칼슘의 양으로서 경도(mg/L)를 구한다.

$$경도(mg/L) = (a - 1) \times \frac{1,000}{검수_{(ml)}}$$

③ 분류 체계 및 종류

0~75 ppm	75~150 ppm	150~300 ppm	300 ppm 이상
Soft	Moderately hard	Hard	Very hard

경도	
	① 칼슘과 마그네슘의 경도: 두 이온의 함량 측정이 중요 *총경도-칼슘 경도=마그네슘 경도 *자연수의 경도 유발 물질 중 비중이 크다.
	② 탄산염 경도: 일시 경도 *일시적인 가열 방법으로 제거 가능, 연수화 과정에서 침전형성 *알칼리도〈총 경도: 탄산염 경도 (ppm)= 알칼리도(ppm)
	③ 비탄산염 경도: 영구 경도 *가열 방법으로도 쉽게 제거 안됨. 황산염, 염화물 및 질산염등의 음이온과 결합 *알칼리도〉총 경도: 탄산염 경도 (ppm)=총 경도(ppm)

▶ 이것만은 알아두자!

총 경도(일반 경도)=칼슘과 마그네슘의 총합으로 정의

- 알칼리도: 산 버퍼 능력; 산을 물에 더하여 일어나는 영향을 감소화: 중화도
  총 경도 ↑ → 추출 효율성↑ : 향미 균형에 분명한 영향을 끼침
- 알칼리도 ↑ → 산미 ↓ : 탄산수가 산 물질을 중화. 이산화탄소 생성 → 추출 시간
  ↑ = 과 추출

물의 pH, TDS, 전기 전도도를 측정하는 기구

	TDS-EZ	TDS-3	EC-3	TDS-4	TDS-4TM	AP-1	AP-2	COM-80	COM-100
Primary User	• Consumer	• Industry • Hobbyist	• Industry • Hobbyist	• Consumer	• Consumer	• Consumer • Hobbyist	• Consumer • Hobbyist	• Hobbyist • Professional	• Hobbyist • Professional
Select Recommended Testing Uses (this is not a rule and there are many other applications)	• Drinking Water	• Water Treatment • Hydroponics • Aquariums	• Water Treatment • Hydroponics • Aquariums	• Drinking Water • Alternative Health	• Drinking Water • Pools & Spas	• Drinking Water • Water Treatment • Hydroponics • Aquariums • Pools & Spas	• Drinking Water • Water Treatment • Hydroponics • Aquariums • Pools & Spas	• Hydroponics • Gardening • Aquariums • Pools & Spas	• Water Treatment • Hydroponics • Aquariums • Laboratory • Industrial • Pools & Spas • Alternative Health
Slim Design				•	•	•	•	•	
Measures TDS	•	•		•	•	•		•	•
Measures EC			•				•	•	•
Measures Temperature		•	•		•	•	•	•	•
Maximum TDS/EC Level	9990 ppm	9990 ppm	9990 μs	9990 ppm	9990 ppm	5000 ppm	9999 μs	9999 μs 5000 ppm	9990 μs 8560 ppm
TDS/EC Resolution	1 ppm	1 ppm	1 μs	1 ppm	1 ppm	1 ppm	1 μs	1 μs/ppm	0.1 μs/ppm
Selectable Conversion Factors									•
Waterproof									•
Water Resistant									
Automatic Temperature Compensation		•	•		•	•	•	•	•
Extra Large LCD						•	•	•	•
Simultaneous Temperature						•	•	•	•
Analog Calibration	•	•	•	•	•				
Digital Calibration						•	•	•	•
'Hold' Function	•					•	•	•	•
Replaceable Sensor									•
Auto Shut-Off	•	•	•	•	•	•	•	•	•
Low Battery Indicator								•	
Extras		Carrying Case	Carrying Case			Magnetic Body	Magnetic Body, Storage Case		Lanyard

192

Q & A

1. 커피 종사자로서 최근에 물이 큰 이슈이던데, 갑자기 각광 받는 이유나 열풍이 불게 된 계기가 무엇인가요?

고무적이고 아주 인상깊다는 생각이 들지만, 그 이유에 대해 의견을 제시한다면, 아마 커피 쪽으로는 모든 연구가 포화상태인지 아닐까 싶습니다. 커피의 이화학적 성분부터 로스팅의 조건에 따라 발생되는 화합물 등은 외국에서 1970년대부터 많은 연구들이 진행되어 왔습니다. 그래서 물은 커피와 부수적으로 연결된 관련 재료 중 가장 큰 비중을 차지하고 있으며, 물 시장도 점점 커지고 있는 상황에 맞물리다 보니 요즘 주목을 받는 것 같습니다. 하지만 사실 물에 관한 연구도 1970년대 진행된 바 있는데, 커피 만큼 지속되진 않았습니다. 아마 물은 지형적인 이유와 물리적인 특성, 그리고 끊임없이 움직이고 변하는 성질로 인해 심오한 존재로 여겨지지 않았을까요? 이런 현상은 개인적으로 매우 흥미롭고 많은 자극이 되고 있습니다.

2. 일반인들도 물의 종류에 따라 커피 맛이 달라지는 것을 경험할 수 있을까요?

커피의 98%는 물이고 나머지 2%는 커피 향미를 구성하는 여러 성분으로 만들어집니다. 정량적인 관점에서 봤을 때 음료의 대부분이 물로 구성되어 있으며, 집에서도 손쉽게 실험할 수 있습니다. 원두와 추출 조건을 모두 동일하게 맞춘 후, 추출수로 생수, 정수, 수돗물, 가능하면 약수 등으로 내려 보세요. 커피 맛이 다릅니다. 참고로 생수 중에서도, 삼다수, 해양 심층수, 에비앙 등을 사용하면 또 한번 커피 맛이 달라진다는 것을 느낄 것입니다. (Part 1, 45 페이지 참조)

3. 다양한 물 성분 중에서 음료의 맛에 크게 영향을 주는 성분은 어떤 것이 있나요?

물 속에 용존된 미네랄 함량이야말로 최종적으로 음료의 맛에 영향을 끼치는 중요한 인자입니다. 특히 칼슘, 나트륨, 마그네슘과 칼륨 등이 있는데, 이 4가지는 흔히 생수라벨에서도 함량이 표기되어 있을 정도로 중요한 역할을 한다고 볼 수 있습니다. 거시적으로 양이온은 약간의 쓴맛을 가지고 짠맛을 강하게 하거나 부가적인 맛을 내주는 반면에 음이온은, 주로 탄산칼슘은 산을 중화시키는 역할을 하여 산성의 성격을 감소시켜 알칼리도를 증진하여 부드러운 맛에 일조합니다. (Part 1, 64 페이지 참조)

4. 혹자는 증류수로 내린 물이 본연의 커피 맛을 가장 잘 발현 시킬 수 있다거나 미네랄이 없을수록 본래의 커피 맛이 잘 나타날 수 있다고 하는데, 저자의 궁금합니다.

사실이 아닙니다. 선행 연구 및 저자 연구에 의하면, 증류수로 추출한 커피는 매우 강한 신맛(sour)을 내고 떫은 맛까지 내는 걸로 나타났습니다. 물에도 맛이 존재하고 우리가 그 맛을 가장 잘 느끼기 위해서는 기본적인 미네랄이 있어야 향미를 더욱 풍부하게 느낄 수 있습니다.

예를 들면, 미네랄이 50 mg/L 이하는 맛이 얇고 깊이가 없으며 80~120 mg/L 정도는 부드럽고 순한 맛을 내며 200mg/L 이상일 경우에는 텁텁하고 쓴 맛을 냅니다.

물 맛을 테스트 한후 물의 이상적인 품질을 제시한 만큼, 커피를 추출하기 위해서도 이상적인 물의 기준에 부합된 것이 정답입니다. 오히려 미네랄이 현저하게 낮은 물, 아예 없는 증류수 같은 물은 추출수로써 적합하지도 않습니다. (Part 1, 49 페이지 참조)

5. 동일한 커피에 붓는 물의 종류에 따라 커피 색이 변한 것을 본 적이 있습니다. 혹시 미네랄과 탁도간의 상관성이 있는지 궁금합니다.

서로간의 상관성이 존재합니다. 즉, 먹는 물 수질 기준에도 탁도의 기준이 마련되어 있는 것처럼 일정한 미네랄 함량은 음료의 표면의 질에도 영향을 끼칩니다. 사진처럼 미네랄 함량이 너무 많으면 표면의 색이 흐릿하며 음료가 선명함을 띠지 못합니다. 또한 불순물(먼지, 침전물 등)까지 떠 있을 수도 있으니, 이는 음용시 음료의 질을 떨어뜨릴 수 있습니다. 참고로, 제 연구에서도 약수를 사용할 시 커피 표면의 색이 흐릿하고 다른 커피의 표면과 확연히 다르다는 것을 알았습니다. 한번 직접 실험해 보셔도 될 것 같습니다.

6. 주변에 여러 종류의 미네랄 워터를 손쉽게 접할 수 있습니다. 우리가 그 물을 마시면 몸에 유익하고 긍정적인 반응을 하나요?

일반적으로 미네랄은 단백질, 지방, 탄수화물, 비타민과 더불어 5대 영양소중의 하나입니다. 비록 생물체의 에너지원이 아니지만 주요 구성 성분으로 비타민과 더불어 생체 조절 작용을 하는 필수 불가결한 영양소입니다. 1일 필요량에 따라서 100 mg 이상인 칼슘, 마그네슘, 나트륨, 칼륨, 인 등 7개 성분이며, 필수적 미량 원소는 1일 필요량이 100 mg 이하인 구리, 아연, 철, 불소, 망간 등 10 개 성분입니다. 이들은 신체 구성 및 조절 작용을 담당함으로써 건강에 간접적인 영향을 끼치므로, 물을 통하여 직접적인 섭취량을 만족시키기는 어려우나 긍정적으로 건강에 유익하다고 할 수 있습니다. (Part 3, 116 페이지 참조)

7. **유럽 여행때 마신 에비앙이랑 우리 나라에서 판매 중인 에비앙이랑 맛이 다른 것 같던데, 제 느낌상 그런 건지, 실제로 함량 차이가 있는 건지 궁금합니다.**

실제로 국가별로 상이합니다. 즉, 우리나라 수질 기준으로는 증발 잔류물이 500 mg/L, 경도 300 mg/L 를 초과하면 안돼므로, 우리나라에 수입되는 에비앙은 미네랄 함량이 최대 300mg/L 로 맞추어 생산되는 걸로 알고 있습니다. 외국에서 마시는 에비앙은 300 mg/L 이상으로 용존된 함량이 달라짐으로써 물 맛의 차이도 당연히 납니다. (부록, 179 페이지 참조)

8. **커피 매장 운영자로써 가끔 커피 맛이 일정하지 않아 물 상태를 확인하고 싶습니다. 제가 사용하는 물을 손쉽게 테스트 할 수 있는 방법을 알려주세요.**

우선은 커피 맛이 일정하지 않는 이유 중의 하나로 물을 생각했다는 것만으로도 고무적인 발전입니다. 흔히들 커피 맛이 다르면 반사적으로 머신이나 커피 원두, 추출 조건등의 변수로 접근하여 답을 찾기가 어려운데, 이제는 물도 그 이유 중의 하나로 서서히 인지되고 있는 추세로 접어든 것 같습니다.

물 상태를 확인 하는 방법은 우선 경도부터 체크하는 것이 수월합니다. 방법은 시약을 사용하여 경도를 측정하는 EDTA 적정법(부록, 190 페이지 참조)과 시중에 판매되는 경도 측정 시약을 구매하여 손쉽게 테스트 할 수 있습니다. 또는 워터 테스트 킷으로 pH 미터기와 TDS 측정기등으로 구성된 상품으로 전반적인 수질 상태를 손쉽게 확인할 수 있습니다

(Part 1, 51 페이지 참조).

9. 정수 필터 교체 시기는 언제인가요? 그리고 교체 시기를 사전 점검 할 수 있는 방법을 알려주세요.

우선 정수 필터 회사마다 교환 주기를 측정해 주는 기기가 다릅니다.

A 와 B 회사의 필터는 압력 게이지를 통해 알 수 있습니다. C 회사는 유량 게이지를 통해 확인 할 수 있으며 저는 개인적으로 C 사의 필터를 사용했는데 유량 측정기가 있어서 수치가 떨어지면 알람이 울립니다. 그럼 그때가 교체 시기로 알고 교환한 적 있습니다.

10. 커피 매장 운영자입니다. 시중에 정수 필터가 너무 많아 어떤 제품을 선택해야 할지 난감합니다. 커피 맛과 에스프레소 커피 머신을 보호하기 위해 조언 부탁드립니다.

우선 스케일 방지와 장비 보존을 위해 정수 필터를 반드시 사용해야 합니다. 하지만 이젠 정수 필터는 머신 보호 및 관리를 떠나 커피 맛에도 영향을 주기 때문에 신중히 선택되고 있습니다. 하단의 사진은 필터 설치하기 전/후

의 비교 사진입니다. 육안으로도 확연히 구분될 만큼의 스케일과 음료 표면의 색깔이 다르다는 것을 알 수 있습니다. 최고의 정수 필터를 선택하기 전에 정수 필터의 목적과 기능의 장, 단점을 파악하고 본인 매장에 적합하고, 매장이 추구하는 커피 본연의 향미를 잘 구현 시킬 수 있는 필터를 최종적으로 선택하시면 됩니다.

에스프레소 보일러: 정수 필터 前

에스프레소 보일러: 정수 필터 6개월 後

수돗물 원수로 추출된 음료

필터를 사용하여 추출된 음료

〈자료 제공: 클라리스〉

■ 사용 목적이 분명해야 합니다.

: 정수 필터를 쓰는 일차적인 목적은 우선, 물 속의 염소 성분과 이물질 및 중금속(납, 구리) 등을 제거하는 것입니다.

- 음료의 향미 증진: 활성탄 이용하여 염소를 제거
- 장비 보호(스케일 방지): 이온 교환 수지를 이용하여 탄산 경도를 여과
- 음료의 외양 및 표면의 색: 이온 교환 수지를 이용하여 탄산 경도를 여과

■ 각 필터의 주요 성능과 사용 목적에 맞게 적용시켜야 합니다.

활성탄	입자 제거용 필터	이온 교환 수지
• 넓은 표면적과 흡착 능력이 중요 • 원료:식물성 천연 활성탄의 두께와 내부 표면적으로 인한 제거 능력 파악	• 일반 입자 제거 • 유기물 입자 제거 능력과 사이즈의 영역이 중요	• 식품에 사용할 수 있는 레진(resin)으로 선택 • 2가 양이온 등이 용존되어 레진에 의해 제거되는것이 관건

■ 완벽한 정수 필터는 없습니다.

장, 단점을 알고 커피 특성을 살릴 수 있는 것 또는 커피 추출시 가장 중요하게 생각하는 조건

(예: 추출 시간 등)이 있다면 그것에 적합한 걸로 택하는 것을 추천합니다.

정수 방법 (=여과 방식)	장점	단점(=불편한점)	비고
카본 필터	화학 물질 제거에 효과적	미립자나 중금속은 흡착 불가능	흡착용량 이상일 경우에는 오히려 흡착된 물질까지 탈착되는 경우가 있음
역삼투압	모든 이온성 물질의 약 90% 정도를 제거	높은 압력이 필요	워터 탱크가 반드시 필요하고 탱크 내 세균 오염 가능성 高
중공사막	역삼투압에 비해 정수량이 많음	이온성 물질 등의 제거율이 낮음	
연수(→이온 교환 수지)	양이온/음이온 교환 수지로 구분, 공업용 및 가정용으로도 보급	박테리아나 바이러스 제거 불가능	흡착 용량 이상일 경우 이미 흡착되어 있는 물질까지 탈착되는 경우가 있음
기타(알칼리 환원)	건강 기능성 효과		내성이 생겨 알칼리 환원수를 중성으로 만들 수 있음

- 시중에 있는 주요 필터 시스템을 잘 살펴본 후 본인에게 맞는 것으로 결정하시길 바랍니다.

    예를 들면,
    - 이취 제거에 효과적인가? 일반 입자/ 염소나 악취 제거에 효과적인가?
        ☞ 배관이나 상수도 오염으로 인하여 결국은 물이나 음료에서 악취가 날 수 있습니다.
    - 이물질 제거에 효과적인가? 석회질 생성 물질 및 중금속 등 제거에 효과적인가?
        ☞ 제거를 안할 경우에 장비 결함과 음료의 부정적인 맛을 냅니다.
    - 필터 내 세균 번식을 억제시킬 수 있는가?
        ☞ 필터 내 카본에서 번식할 수 있으며 일반 세균이 발생할 가능성도 있

습니다.

- 필터 교체시 린싱(물로 한번 헹구는 작업)하는가?
    - ☞ 충분히 린싱하지 않으면 장비 고장의 원인이 될 수 있으며, 추출수에서 검은 물이 나올 수 있습니다.
- 장기간 사용하지 않을시 재사용 할 수 있는가?
    - ☞ 재사용 불가한 제품이 있고 가능한 제품이 있습니다. 중요 요소라고 생각하시면 이 사항을 먼저 확인하세요.

    ※ 정수 필터도 날이 갈수록 정교해지고 다양한 기능을 탑재한 제품들이 출시되고 있습니다. 이처럼 기본 성능에 충실한 제품을 바탕으로 최근에는 T.D.S 또는 알칼리티 및 칼슘과 마그네슘을 바이패스를 통해 자체적으로 조절하는 제품등이 출시되었고, 각 업체별로 대표적인 상품이 있으니 숙지하시고 본인 매장에 가장 적합한 것으로 선택하시길 바랍니다.

    (Part 4, 136 페이지 참조)

11. 많은 사람들이 정수 필터를 꼭 설치해야 한다고 합니다. 그렇다면 수돗물은 아예 사용할 수 없나요? 음용수로써 과연 부적합한지 알고 싶습니다.

제 연구 중 관능 평가 결과를 참조하자면, 아리수는 정수 못지않는 품질로 추출수로써 커피 향미에도 긍정적인 역할을 하는것으로 밝혀졌습니다. 여담이지만, 여러 종류의 추출수 중 하나로 아리수가 사용되었다는 것을 알고 관능 패널들은 놀라움을 감추지 못하였습니다. 집에서도 우선 간단하게 테스트

할 수 있으니 직접 경험해보시길 바랍니다.

　우선 아리수로 예를 들면, 서울시에서 많은 투자를 한 결과물로써 정수 품질은 전반적으로 먹는물 수질 기준에 부합됩니다. 취수장에서 한강 정수 센터로 보내져 활성탄과 기타 정수 처리 물질을 넣는 고도 정수 처리를 거친 물로써, 상온에 비치하여 염소 성분을 없애거나 또는 한소끔 끓여서 마시거나 음료 추출수로 사용해도 좋습니다. 아리수 홈페이지에는 거주하는 지역내 아리수 취수원을 알려주고, 아리수 수질에 대해서도 마시기 적합한 정도, 탁도 및 pH 수치 등을 실시간으로 안내합니다. 서울시 뿐만이 아니라 요즘은 광역시 등의 지자체에서도 수질 개선을 위한 투자와 홍보가 계속 이루어지고 각 지역별의 수질은 수자원 공사 홈페이지를 통해 투명하게 공개되고 있을 정도입니다.

　하지만 현실은 각 도시의 취수원부터 고도 정수 처리 과정을 거치고 배수지 및 중간 물 탱크까지의 시설은 관리되고 있으나 상주하는 지역 또는 거주지 주변의 물탱크 및 수도 배관등이 정기적으로 점검되지 않거나 낙후되어 있는 저장 탱크 시설이 많습니다. 이로 인하여 결국은 정수 필터 또는 가정용 정수기를 구입하게 됩니다. 주변 시설물 관리 영향으로 정수 필터를 선택하는 것이지, 무조건적으로 수돗물은 인체에 해롭고 음용수 및 추출수로써 적합하지 않다는 논지는 전혀 맞지 않고 사실이 아닙니다.

　(Part 1, 45 페이지 참조)

〈에필로그〉

'water tasting'이 주제인 세미나에 최근에 참석했다. 요즘 우리는 물과 커피에 관한 세미나를 장소 및 연사를 불문하고 자주 접할 수 있다. 4년 전, 물과 커피에 관한 논문을 진행 했을 때와는 너무나 다르게 물과 커피, 미네랄과 커피 향미에 대한 연구 결과를 자주 접하게 되어 개인적으로도 기쁘고 멋쩍기도 하고 한편으로는 책임감도 느끼게 되었다. 기존의 연구를 잇는 다른 결과물을 보여줘야 하는 게 아닐까라는 생각이 드는 반면이, 현재 물과 커피에 대해 범람하는 자료들, 그 이면에 깊이 숨어있는 본질을 접근해야 할 것 같다는 생각도 들어 책을 준비하는 과정에 많은 고민을 하였다. 논문과는 다른 책의 특성을 고려해야 하고, 약간의 지식을 전달해야 하며, 도 적절한 난이도로 읽기 쉽게 만들어야 하는 점 등을 생각하며 작업을 진행하였지만, 언제나 그렇듯이 아쉬움이 남는 건 사실이다. 내용을 더 추가해야 하나, 아니면 요즘 신제품으로 출시된 정수 필터 시스템에 관해 다뤄야 했나, 필터 업체들의 의견을 따로 구성했어야 하는지에 관한 미련과 아쉬움은 현재까지도 많이 남아있다.

 물과 커피에 관한 모든 세미나를 참석하지는 않았으나, 필자가 참석한 세미나에서 귀결된 결론은 각 미네랄의 역할과 커피 향미의 상관성이다. 몇 년 전만 해도 TDS 함량에 따른 커피 맛 또는 추출수 종류에 따른 커피 맛의 변화가 중점이었다면 현재는 세부적으로 깊이 접근하고 있다. 미네랄 중 칼슘 및 마그네슘의 역할 그리고 이들이 가지는 양면성에 맞추어 커피 캐릭터를 그려야 하고 사용하는 머신에 더욱 세심하게 주의를 기울여 결과물인 커피 캐릭터를 만들어 내는 것이 전체적인 구상도라 할 수 있다. 물론 최종 메시지는 커피 맛의 영향을 주는 요인은 생두, 로스팅, 추출 그리고 물이다. 각 요인들의 중요도는 상이하지만, 결코 물이 가지는 중요도는 타 요인에 비해 약하지 않다는 것, 오히려 커피 향미에는 물이 정량적으로도 절대적으로 크다는 것은 변함없는 사실이다. 우리가 한 잔의 완벽한 커피를 만들어 내는 것만큼 물에도 관심을 갖자는 것 그리고 오히려 물을 달리하면 기존의 발현된 커피 캐릭터가 달라질 수 있다는 것이 이전과는 다른 변화라고 생각한다. 하지만 이 현상에 아이러니한 사실이 있다는 것이 우리가 지속적으로 끊임없이 물을 연구해야 한다는 필요성 및 당위성을 부여하고 있다. 각 주요 미네랄이 가지는 양면성을 우리는 어떻게, 적절하게, 상호 보완적으로 사용하며 내 커피에 맞게 조정할 수 있을까라는 아주 큰 목표를 제시하였다. 바로 한 잔의 커피만큼의 노력을 가하여, 최상의 적절한 비율로 조합하여 만든 미네랄 솔루션이 과연 완벽하게 맛있는 커피 맛을 낼 수 있는지 말이다. 흥미롭게도 우리가 제조한 미네랄 솔루션은 완벽하더라도 여기에 어떤 커피를 적용 시키는지에 따라 커피 향미가 또다시 달라진다. 로스팅의 정도 또는 동일한 커피일지라도 시간이 경과됨에 따라서 결국 추출된 결과물이 확연하게 달라진다. 그리고 거주하는 지역에 따라 달라지는 것은 당연하겠지만. 결국 추구하는 한잔의 커피에 대한 긴 여정을 준비하고 많은 변수를 겪었더라도 거기에 물의 존재는 또 하나의 긴 여정을 선사해준다. 생두부터 추출까지 이르는 커피만의 큰 그림이 한 장이 아니라 거기에 자연계의 산물인 물에 관한 큰 그림이 이제부터 시작된다.

최낙언 님의 '커피향의 비밀'에서 기억에 남는 문구가 있다. 비슷하게 응용하자면, 10간 년 전 사람은 별을 봤고, 지금도 별을 본다. 10만년 전 사람은 불을 이용하여 요리를 하그 지금도 불로 요리를 한다. 커피도 마찬가지이다. 10 년 전에도 물을 사용하여 커피를 추출하였다. 정수, 연수, 생수 및 심지어는 수돗물도 끓여서 사용했을 것이다. 그 동안 바뀐 것은 매끈하게 무장된 각종 필터의 사양들 및 커피 추출 도구의 진보로 둘러 쌓였지만, 본질적으로 가장 큰 지식은 우리가 커피와 물에 관한 현상을 이해하려는 과학적인 시도라고 생각한다. 현상을 이해하려는 과학이다. 확장된 프레임 속에 내재된 객관적이고 체계적인 사실을 발견하는 것이다.

감수

최낙언

참고문헌

- 권동민 외 4인(2009), "부산지역 약수터수의 미네랄 특성 연구", 『보건환경연구원보』, 제19권, 제1호, 133-141.
- 두용균 외 3인(2000), "국내먹는샘물의 수질 특성비교", 대한 위생학회지, 제15권, 제1호, 88-94.
- 박현구 외 5인(2007), "경기북부지역 약수터의 물 맛 평가에 관한 조사연구", 『대한상하수도학회 · 한국 물환경학회;공동추계학술발표회논문집』, 497-501.
- 양태웅, 김광진 외 7인(2007), "충남지역의 먹는물 중 미네랄 성분 분포 조사연구", 『충남보건 환경연구원보』, 제17권, 81-93.
- 이덕선, 김상현, 박종윤(2004), "Cu(110)표면에 Ar+이온의 충돌 효과", 한국물리학회.
- 이안 마버(2012), 『슈퍼 이팅』, 예문당.
- 정세훈 외 3인(2008), "ICP-MS를 이용한 극미량 원소 분석 기술", RIST, 제22권, 제2호.
- 주향란, 계수정(2011), 『이해하기 쉬운 식품학』, 효일.
- 최낙언(2013), 『그림으로 이해하는 식품의 원리』, 시아스 연구소.
- 최낙언(2015), 『커피향의 비밀』, 서울 꼬뮨.
- 환경부(2007), 먹는 물 수질오염공정시험방법, 환경부 고시 제2007-147호.
- 한국환경시험연구소(2009), 수질 분석 시험 지시서.
- "수돗물과 포장 식수", 한국일보, 2010.
- "당신이 알아야 하는 탄산수에 관한 여섯 가지 진실", 삼성서울병원, 2014.
- "생활 속에 깊이 파고든 나사의 첨단 기술", 동아일보, 2000.11.9.
- Dashi and Umami(2009), 『The heart of Japanese cuisine』, Kodansha International.
- David Beeman and Paul Songer with Ted Lingle(2010), 『The Water Quality Hand-

book』, Specialty Coffee Association of America, California.
- David Steen & Phillip Ashurst(2006), 『Carbonated soft drinks: formulation and manufacture』, Wiley-Blackwell.
- Hendler, S. S.,(1990), 『The Doctor's Vitamin and Mineral Encyclopedia, Simon and Schuster(Eds)』, N.Y.
- Hendon, C.,(2014), "The role of Dissolved Cations in Coffee Extraction", Journal of Agricultural and Food Chemistry.
- Harold Mcgee. (2014), 『On Food and Cooking: the science and lore of the kitchen』, Scribner.
- Ted, R. Lingle.,(1996), 『The Coffee Brewing Handbook』, Specialty Coffee Association of America, California.
- Ted, R. Lingle.,(2001), 『The Coffee Cupper's Handbook』, Specialty Coffee Association of America, California.
- www.bestwaterdistiller.net
- www.seehint.com
- http://magazine.coffeetalk.com/ June 13-water quality/
- www.fwater.co.kr
- www.creamstime.com
- http://en..wikipedia.org
- www.berkeleysprings.com
- www.smartconsumer.go.kr
- www.hydrogenwater-stick.com
- www.agriking.com
- www.freshcup.com
- http://food.chosun.com
- http://bwissue.com
- http://www.macao.us
- www.fivesenses.com.au
- www.caroswiss.com
- www.everpurehome.com
- www.caffemuseo.co.kr

커피를 위한

이야기

3쇄 | 2021년 2월 15일
초판 발행 | 2017년 6월 9일

지은이 | 어희지
펴낸이 | 문경라

편집기획 | 지영구

펴낸곳 | 서울꼬뮨
등록번호 | 제 2005-000048호
등록일자 | 2005. 3. 18

서울시 서초구 동산로 71 마승빌딩 3층(우편번호 06781)
TEL : 02-579-4725 / FAX : 02-579-4729
E-mail : coffeentea@naver.com
Home Page : www.icoffeentea.com

이 책의 저작권은 월간 커피앤티 발행사인 서울꼬뮨에 있습니다.
여기에 실린 모든 내용과 사진은 법률에 의해 판권을 보장받고 있으므로
본사와의 상의 없이 무단으로 전재하거나 복제할 수 없습니다.

책값은 표지에 있습니다.
ISBN 979-11-85060-15-6   13570

커피·차인의 필독서 월간 커피앤티 발행사인 서울꼬뮨에서는
우리나라 커피와 차문화의 올바른 보급과 발전을 위하여 노력하고 있습니다.